江苏建筑

文化遗产保护与发展研究

王浩 著

JIANGSU JIANZHU
WENHUA YICHAN BAOHU
YU FAZHAN YANJIU

河海大学出版社
HOHAI UNIVERSITY PRESS
·南京·

U0220663

图书在版编目（ＣＩＰ）数据

江苏建筑文化遗产保护与发展研究/王浩著.--南京：河海大学出版社,2022.3

ISBN 978-7-5630-7498-3

Ⅰ.①江…　Ⅱ.①王…　Ⅲ.①建筑—文化遗产—保护—研究—江苏　Ⅳ.①TU-87

中国版本图书馆CIP数据核字（2022）第050428号

书　　名	江苏建筑文化遗产保护与发展研究
书　　号	ISBN 978-7-5630-7498-3
责任编辑	龚　俊
特约编辑	梁顺弟
特约校对	丁寿萍
封面设计	徐娟娟
出版发行	河海大学出版社
地　　址	南京市西康路 1 号（邮编：210098）
网　　址	http：//www.hhup.com
电　　话	（025）83737852（总编室）　（025）83722833（发行部）
经　　销	江苏省新华发行集团有限公司
排　　版	南京布克文化发展有限公司
印　　刷	苏州市古得堡数码印刷有限公司
开　　本	718 mm×1000 mm　1/16
印　　张	11.5
字　　数	210 千字
版　　次	2022 年 3 月第 1 版
印　　次	2022 年 3 月第 1 次印刷
定　　价	128.00 元

住房和城乡建设部科学技术计划项目《太湖流域传统村落礼制建筑营造技术保护与发展研究》（2020-K-192）

江苏建设系统科技项目《苏南传统村落民居建筑营造技艺保护、传承与发展研究》（2020ZD035）

江苏高校"青蓝工程"资助项目（苏教师函〔2021〕11号）

江苏省高职院校教师专业带头人高端研修项目资助项目（2021GRFX012）

前言

PREFACE

建筑文化遗产是人类文明发展史上必不可缺的重要组成部分，它见证了人类社会文明的发展历程，为后世留下了宝贵的物质和精神财富。

江苏建筑文化遗产丰富，它们反映了江苏在历史发展进程中的社会情况，蕴含着重要的政治、经济、文化、社会、教育等价值，研究这些建筑文化遗产有助于充分了解江苏历史文化。

本书选取了不同类型的建筑文化遗产为研究对象，结合江苏建筑文化遗产现状，将其分为城池建筑遗产、工业建筑遗产、红色建筑遗产、园林建筑遗产、礼制建筑遗产、民居建筑遗产、教育建筑遗产等七种主要类型。通过深入研究，探索江苏建筑文化遗产的保护与发展，希冀能够为江苏建筑文化遗产保护提供参考，推动江苏建筑文化遗产保护工作深入发展。

本书分三个部分，共九章，各章的主要内容如下：

第一章江苏建筑文化遗产概述，主要介绍江苏建筑文化遗产分类情况以及江苏建筑文化遗产保护与发展概况。第二章至第八章是保护与发展的主要类型研究，立足于建筑文化遗产的类型与研究角度，分别探讨城池建筑遗产、工业建筑遗产、红色建筑遗产、园林建筑遗产、礼制建筑遗产、民居建筑遗产、教育建筑遗产等七种类型建筑文化遗产的分布情况、价值，探讨保护与发展原则和模式，根据保护与发展现状，提出保护与发展的对策。第九章是典型案例研究，选取常州城市建筑文化遗产作为案例，探讨其保护与发展。

本书从历史学、考古学、民俗学、社会学、文化学、建筑学、艺术学、规划学、旅游学、管理学等多角度，运用田野考察和实地调研等研究方法，通过相关文献资料的搜集整理，挖掘江苏建筑文化遗产中丰富的价值内涵，赋予它们鲜明的时代特征，努力探索建筑文化遗产保护与城乡发展的和谐共生之路。

目录

CONTENTS

第一部分

基本分析

第一章

江苏建筑文化遗产概述

建筑文化遗产指的是物质性的文化遗产，建筑文化遗产的分类各不相同，没有统一的划分方式，主要是根据研究的需要进行分类。王亭根据现有的中国建筑遗产的特色，将其分为以下几种类型：居住建筑、宗教建筑、文化建筑、景观建筑、坛庙建筑、政府建筑、会馆建筑、书院建筑、水利与交通设施建筑、宫殿建筑、园林建筑等。[①]

李文浩根据性质，将建筑文化遗产分为 10 种类型：居住建筑、礼制建筑、宗教建筑、园林和风景建筑、教育文化和娱乐建筑、商业和手工业建筑、市政建筑、标志建筑、政权建筑及其附属设施、防御建筑。[②]

本书参考以上分类方式，结合江苏建筑文化遗产现状，将其分为城池建筑、工业建筑、红色建筑、园林建筑、礼制建筑、民居建筑、教育建筑等 7 种主要类型。

一、江苏建筑文化遗产概况

本次研究共选取江苏省 743 处建筑文化遗产，其中城池建筑遗产 36 处，工业建筑遗产 47 处，红色建筑遗产 283 处，园林建筑遗产 58 处，礼制建筑遗产 143 处，民居建筑遗产 126 处，教育建筑遗产 50 处。（表 1-1）

---

① 王亭.江南水乡古镇建筑遗产保护与发展研究 [D]. 东北师范大学，2015.

② 李文浩.基于整体性的建筑文化遗产保护规划研究 [D]. 兰州交通大学，2017.

表 1-1　江苏建筑文化遗产一览表（部分）

所在地区	建筑文化遗产总数	类　别						
		城池建筑	工业建筑	红色建筑	园林建筑	礼制建筑	民居建筑	教育建筑
南京	68	5	12	11	1	17	11	11
苏州	123	2	4	18	29	27	36	7
无锡	117	2	7	11	7	43	35	12
常州	81	2	6	12	4	26	25	6
镇江	35	3	1	17	1	8	3	2
扬州	66	2	3	40	13	3	3	2
泰州	43	1	1	27	2	7	1	4
南通	37		7	23	1	1	4	1
徐州	33	6		19		3	1	4
淮安	41	5	1	29		4	1	1
盐城	66		1	58		2	5	
连云港	16	6	2	6		1	1	
宿迁	17	2	2	12		1		
总计	743	36	47	283	58	143	126	50

（一）江苏城池建筑遗产

城池建筑属于大遗址范畴，一般指的是城池遗址，反映着当时社会的历史、文化等相关信息，具有重大的研究价值。

江苏保留着众多城池建筑遗产，如南京薛城、固城，常州淹城、吴王阖闾城，苏州越城等，这些城池建筑遗产都是反映当时政治、经济、文化的真实见证，对于研究中国古代城池发展史具有重要意义。

选取了江苏省 36 处城池建筑遗产进行研究，从地域分布上看，南京 5 处，苏州 2 处，无锡 2 处，常州 2 处，镇江 3 处，扬州 2 处，泰州 1 处，徐州 6 处，淮安 5 处，连云港 6 处，宿迁 2 处。从保护等级上看，全国重点文物保护单位 12 处，省级文保单位 16 处，市县级文保单位 8 处。

（二）江苏工业建筑遗产

工业建筑遗产指的是与工业相关的文化遗产，一般指的是工厂车间、仓库、办公楼等建筑物，以及与工业生产有关的交通运输以及商贸的建筑物。

江苏工业建筑遗产众多，国家工业遗产有金陵机器局、永利化学工业公司铔厂、茂新面粉厂旧址、大生纱厂、常州恒源畅厂、常州大明纱厂等。这些工业建筑遗产都是反映当时政治、经济、文化的真实见证，对于研究中国工业发展史具有重要意义。

选取了江苏省47处工业建筑遗产进行研究，从地域分布上看，南京12处，苏州4处，无锡7处，常州6处，镇江1处，扬州3处，泰州1处，南通7处，淮安1处，盐城1处，连云港2处，宿迁2处。从保护等级上看，全国重点文物保护单位4处，省级文保单位15处，市级文保单位17处。从遗产等级来看，国家工业遗产8处，入选中国工业遗产保护名录13处。

（三）江苏红色建筑遗产

红色建筑遗产是红色文化遗产的重要组成部分，红色建筑遗产指的是具有重要历史意义的建筑，主要包括革命旧址、革命领导人故居、烈士陵园、纪念场馆等。根据江苏红色建筑的建筑属性，将其分为党政机关建筑、军事机构建筑、革命人士故居、文化教育建筑、纪念场馆建筑、陵墓碑塔建筑、后勤保障建筑等七大类。

选取了江苏省283处红色建筑进行研究，从地域分布上看，南京11处，苏州18处，无锡11处，常州12处，镇江17处，扬州40处，泰州27处，南通23处，徐州19处，淮安29处，盐城58处，连云港6处，宿迁12处。从保护等级上看，全国重点文物保护单位11处，省级文保单位42处，市县级文保单位230处。

（四）江苏园林建筑遗产

江苏园林建筑遗产众多，如苏州的拙政园、留园、网师园、耦园等，扬州的何园、个园等。这些园林建筑遗产都是反映当时政治、经济、文化的真实见证，对于研究中国古代园林发展史具有重要意义。

苏州古典园林具有悠久的历史，深厚的文化底蕴，其中9处为世界文化遗产，为拙政园、留园、网师园、环秀山庄、沧浪亭、狮子林、耦园、艺圃和退思园。这些园林建筑遗产造园艺术高超、构筑精致巧妙、文化意境深远，是中国古典私家山水园林的成功典范，将中国古代文人的隐逸思想表达的淋漓尽致，体现着人与自然的和谐统一。

选取了江苏省58处园林建筑进行研究，从地域分布上看，南京1处，苏州29处，无锡7处，常州4处，镇江1处，扬州13处，泰州2处，南通1处。从保护等级上看，全国重点文物保护单位22处，省级文保单位10处，市县级文保单位26处。

（五）江苏礼制建筑遗产

江苏礼制建筑主要以民间礼制建筑为主，如家庙、文庙、武庙、祠堂、牌坊等，这些礼制建筑是在中国礼仪文化影响下形成的，融入了中国传统礼制观念，体现着尊卑等级的社会关系。

江苏礼制建筑遗产众多，如无锡惠山祠堂群、苏州常熟言子祠、吴江盛泽先蚕祠、渎溪徐氏宗祠等，这些礼制建筑都是反映当时社会和文化的真实见证，对于研究中国古代礼制建筑具有重要意义。

选取了江苏省143处礼制建筑进行研究，从地域分布上看，南京17处，苏州27处，无锡43处，常州26处，镇江8处，扬州3处，泰州7处，南通1处，徐州3处，盐城2处，淮安4处，连云港1处，宿迁1处。从保护等级上看，全国重点文物保护单位6处，省级文保单位35处，市县级文保单位102处。

（六）江苏民居建筑遗产

从其分布上来看，江苏民居建筑中有名人故居，也有普通民居，这些民居建筑从建筑形态和建造格局上都呈现出中国传统建筑文化的典型性特征。

选取了江苏省126处名人故居进行研究，从地域分布上看，南京11处，苏州36处，无锡35处，常州25处，镇江3处，扬州3处，泰州1处，南通4处，徐州1处，淮安1处，盐城5处，连云港1处。从保护等级上看，全国重点文物保护单位12处，省级文保单位50处，市县级文保单位64处。

这些名人故居具有重要的历史文化价值，是中国文化遗产的重要组成部分。根据名人从事的职业，江苏名人故居可以分为政治、军事、经济、文化、科技等类型。政治类名人故居主要有周恩来故居、瞿秋白故居、张太雷故居等，军事类主要有冯仲云故居、王铮故居等，经济类主要有孙冶方故居、薛暮桥故居等，文化类主要有柳亚子故居、朱自清故居等，科技类主要有王淦昌故居、钱伟长旧居等。

（七）江苏教育建筑遗产

江苏自古以来教育事业发达，封建社会时期创办了多所书院，从书院考取功名者无数，书院教育成为培养人才的重要场所，也留下了众多书院遗存。

近代以来随着学校教育的兴起，江苏兴建了大批的近代学校，这些学校在培养人才方面发挥了重要作用。

江苏保留着众多教育建筑遗产，如东林书院、中央大学旧址、金陵大学旧址、江南贡院等，这些教育建筑遗产从一定程度反映了当时社会的教育概况，见证着当时的教育发展水平，对于研究中国教育史具有重要的价值。

选取了江苏省 50 处教育建筑遗产进行研究，从地域分布上看，南京 11 处，苏州 7 处，无锡 12 处，常州 6 处，镇江 2 处，扬州 2 处，泰州 4 处，南通 1 处，徐州 4 处，淮安 1 处。从保护等级上看，全国重点文物保护单位 7 处，省级文保单位 19 处，市县级文保单位 24 处。

二、江苏建筑文化遗产保护与发展概况

江苏建筑文化遗产保护与发展涉及国家和地方层面的文物保护方面的法律法规，国家针对建筑文化遗产专门制定出台了一系列的法律法规，如《中华人民共和国文物保护法》《中华人民共和国文物保护法实施条例》等。（表 1-2）

在国家层面法律法规的指导下，江苏省根据省内建筑文化遗产的实际情况，积极制定相关地方性法规规章，2001 年制定出台了《江苏省历史文化名城名镇保护条例》，加强对历史文化名城、名镇和历史文化保护区的保护。2003 年制定出台的《江苏省文物保护条例》，对不可移动文物、地下文物、馆藏文物和民间收藏文物制定了专门保护措施，并对如何进行文物利用进行规定。

苏州市在建筑文化遗产保护方面走在了全省的前列，从 20 世纪 80 年代全面保护古城开始，制定了一系列地方性法规。2002 年制定出台《苏州古建筑保护条例》，2003 年制定出台《苏州市历史文化名城名镇保护办法》，2017 年制定出台《苏州国家历史文化名城保护条例》，规定苏州国家历史文化名城保护的重点是历史城区，保护对象包括苏州园林、古建筑、古城墙、传统民居等。

表 1-2　江苏建筑文化遗产保护相关法律法规及规章制度

层面	名称	时间
国家	中华人民共和国文物保护法	1982.11
	中华人民共和国文物保护法实施条例	2003.05
	历史文化名城名镇名村保护条例	2008.04
	国家重点文物保护专项补助资金管理办法	2013.06
	全国重点文物保护单位保护规划编制要求	2005.07
	世界文化遗产保护管理办法	2006.11
	国家工业遗产管理暂行办法	2018.11
	《关于实施革命文物保护利用工程（2018—2022 年）的意见》	2018.07

（续表）

层面	名称	时间
省级	江苏省文物保护条例	2003.10
	江苏省历史文化名城名镇保护条例	2001.12
	江苏省传统村落保护办法	2017.09
	关于实施传统建筑和园林营造技艺传承工程的意见	2017.10
	关于加强风景名胜区保护和城市园林绿化工作的意见	2016.04
市级	南京市文物保护条例	1989.04
	南京市历史文化名城保护条例	2010.07
	南京市地下文物保护条例	2018.11
	南京市红色文化资源保护利用条例	2021.07
	南京市重要近现代建筑和近现代建筑风貌区保护条例	2006.07
	苏州国家历史文化名城保护条例	2017.12
	苏州市历史文化名城名镇保护办法	2003.03
	苏州市古城墙保护条例	2017.12
	苏州市古建筑保护条例	2002.11
	苏州市古建筑抢修保护实施细则	2003.12
	苏州市江南水乡古镇保护办法	2017.12
	苏州市区古建老宅保护修缮工程实施意见	2012.02
	苏州园林保护和管理条例	1997.04
	苏州市历史建筑保护利用管理办法	2021.09
	无锡市历史文化遗产保护条例	2009.11
	无锡市历史文化名城保护办法	2006.12
	无锡市历史街区保护办法	2004.01
	无锡市文物保护修复专项资金使用管理办法	2018.05
	常州市历史文化名城保护条例	2017.01
	常州市文物保护办法	2013.11
	常州市地下文物保护办法	2013.11
	常州市不可移动文物认养管理办法	2013.12
	常州市文物保护专项资金管理办法	2017.12
	镇江市文化遗产保护管理办法	2013.09
	镇江市区域评估文物保护评价实施办法	2018.02
	镇江市历史文化名城保护条例	2019.10
	扬州古城保护条例	2016.12
	扬州市历史建筑保护办法	2012.01
	扬州市文化遗产保护管理办法	2012.03
	泰州市历史文化名城保护办法	2009.06
	泰州市历史文化名城名镇保护条例	2018.11

（续表）

层面	名称	时间
市级	南通市市区历史文化街区和历史建筑保护办法	2021.05
	徐州市文物保护管理条例	1995.12
	徐州历史文化名城保护规划（2020-2035）	2020.10
	淮安市文物保护条例	2017.12
	淮安市大运河文化遗产保护条例	2020.02
	淮安市周恩来纪念地保护条例	2018.01
	淮安市历史文化名城保护管理办法	2011.04
	连云港市历史文化名城保护办法	2021.04
	盐城市革命遗址和纪念设施保护条例	2018.12

江苏建筑文化遗产的开发利用工作也得到了重视，很多建筑遗产进行了旅游开发，并成为旅游景区。据不完全统计，江苏建筑文化遗产中 A 级以上旅游景区为 53 处，其中苏州园林景区（拙政园、虎丘、留园）、中国春秋淹城旅游区、周恩来故里旅游景区 3 处为 AAAAA 级旅游景区，中共代表团梅园新村纪念馆、新四军江南指挥部纪念馆、薛福成故居、东林书院等 20 处为 AAAA 级旅游景区，运河五号创意街区、苏皖边区政府旧址纪念馆等 16 处为 AAA 级旅游景区。

表 1-3　江苏建筑文化遗产 A 级以上旅游景区一览表（部分）

序号	景区名称	所在地区	景区等级
1	苏州园林景区（拙政园、虎丘、留园）	苏州市	AAAAA 级旅游景区
2	中国春秋淹城旅游区	常州市	AAAAA 级旅游景区
3	周恩来故里旅游景区	淮安市	AAAAA 级旅游景区
4	中共代表团梅园新村纪念馆	南京市	AAAA 级旅游景区
5	新四军江南指挥部纪念馆	常州市	AAAA 级旅游景区
6	薛福成故居	无锡市	AAAA 级旅游景区
7	东林书院	无锡市	AAAA 级旅游景区
8	中国吴文化博物馆·鸿山遗址博物馆	无锡市	AAAA 级旅游景区
9	淮海战役纪念塔景区	徐州市	AAAA 级旅游景区
10	中国工农红军第十四军纪念馆景区	南通市	AAAA 级旅游景区
11	张謇纪念馆	南通市	AAAA 级旅游景区
12	阖闾城遗址博物馆	无锡市	AAAA 级旅游景区
13	狮子林	苏州市	AAAA 级旅游景区
14	网师园	苏州市	AAAA 级旅游景区
15	黄花塘新四军军部纪念馆	淮安市	AAAA 级旅游景区
16	新四军纪念馆	盐城市	AAAA 级旅游景区
17	个园	扬州市	AAAA 级旅游景区

（续表）

序号	景区名称	所在地区	景区等级
18	何园	扬州市	AAAA 级旅游景区
19	新四军黄桥战役纪念馆	泰州市	AAAA 级旅游景区
20	连云港市革命纪念馆	连云港市	AAAA 级旅游景区
21	刘老庄连纪念园景区	淮安市	AAAA 级旅游景区
22	新四军纪念馆	盐城市	AAAA 级旅游景区
23	抗日战争最后一役文化园	扬州市	AAAA 级旅游景区
24	钱穆·钱伟长故居	无锡市	AAA 级旅游景区
25	李可染艺术馆	徐州市	AAA 级旅游景区
26	王杰纪念馆	徐州市	AAA 级旅游景区
27	李超时烈士纪念馆	徐州市	AAA 级旅游景区
28	碾庄战斗纪念馆	徐州市	AAA 级旅游景区
29	禹王山抗日阻击战遗址纪念园	徐州市	AAA 级旅游景区
30	小窑头烈士陵园	徐州市	AAA 级旅游景区
31	运河五号创意街区	常州市	AAA 级旅游景区
32	史候祠	常州市	AAA 级旅游景区
33	苏皖边区政府旧址纪念馆	淮安市	AAA 级旅游景区
34	中国人民解放军海军诞生地纪念馆	泰州市	AAA 级旅游景区
35	宿北大战纪念馆	宿迁市	AAA 级旅游景区
36	苏中七战七捷纪念馆	南通市	AAA 级旅游景区
37	抗大九分校纪念馆	南通市	AAA 级旅游景区
38	马塘革命烈士纪念馆	南通市	AAA 级旅游景区
39	灌南人民革命纪念馆	连云港市	AAA 级旅游景区
40	梅村泰伯庙	无锡市	AA 级旅游景区
41	徐霞客故居	无锡市	AA 级旅游景区
42	徐州文庙景区	徐州市	AA 级旅游景区
43	新安旅行团历史纪念馆	淮安市	AA 级旅游景区
44	朱自清故居	扬州市	AA 级旅游景区
45	上海战役总前委旧址纪念馆	镇江市	AA 级旅游景区
46	赵伯先故居	镇江市	AA 级旅游景区
47	中共江浙泰兴独立支部纪念馆	泰州市	AA 级旅游景区
48	靖江市刘国钧故居	泰州市	AA 级旅游景区
49	朱家岗烈士陵园	宿迁市	AA 级旅游景区
50	烈士陵园	宿迁市	AA 级旅游景区
51	雪枫墓园	宿迁市	AA 级旅游景区
52	淮海抗日根据地纪念馆	宿迁市	AA 级旅游景区
53	吴苓生革命烈士陵园	宿迁市	AA 级旅游景区

第二部分

保护与发展主要类型

第二章

江苏城池建筑遗产

　　江苏历史文化悠久，有着很长时间的建城历史，在长江主要干流和太湖流域，保存有众多大型城池遗址，如淹城、吴王阖闾城、扬州城等。这些城池遗址是城市历史发展的真实见证，是中华文明的缩影。

一、江苏城池建筑遗产概况

　　江苏保留着众多城池建筑遗产，如南京薛城、固城，常州淹城、吴王阖闾城，苏州越城等，这些城池建筑遗产都是反映当时政治、经济、文化的真实见证，对于研究中国古代城池发展史具有重要意义。

（一）江苏城池建筑遗产分布情况

　　本书选取了江苏省36处城池建筑遗产进行研究，从数量上看，南京5处，苏州2处，无锡2处，常州2处，镇江3处，扬州2处，泰州1处，徐州6处，淮安5处，连云港6处，宿迁2处。从保护等级上看，全国重点文物保护单位12处，省级文保单位16处，市县级文保单位8处。（表2-1）

表2-1　江苏城池建筑一览表（部分）

序号	名称	时代	文保级别	所在地区
1	薛城遗址	新石器时代	全国重点文保单位	南京市
2	固城遗址	春秋至汉	全国重点文保单位	南京市
3	下邳故城遗址	汉晋	全国重点文保单位	徐州市
4	梁王城遗址	新石器时代至战国	全国重点文保单位	徐州市

（续表）

序号	名称	时代	文保级别	所在地区
5	阖闾城遗址	春秋	全国重点文保单位	无锡市
6	佘城遗址	夏至周	全国重点文保单位	无锡市
7	淹城遗址	东周	全国重点文保单位	常州市
8	铁瓮城遗址	东汉	全国重点文保单位	镇江市
9	葛城遗址	西周至春秋	全国重点文保单位	镇江市
10	扬州城遗址	隋至宋	全国重点文保单位	扬州市
11	曲阳城遗址	汉	全国重点文保单位	连云港市
12	泗州城遗址	唐至清	全国重点文保单位	淮安市
13	南城遗址	春秋	省级文保单位	南京市
14	石户城遗址	战国－汉	省级文保单位	徐州市
15	湖陵城遗址	战国－西汉	省级文保单位	徐州市
16	越城遗址	春秋	省级文保单位	苏州市
17	大雾崖石城	清	省级文保单位	连云港市
18	孔望山古城遗址	宋	省级文保单位	连云港市
19	盐仓城遗址	新石器－汉	省级文保单位	连云港市
20	罗庄城遗址	春秋－汉	省级文保单位	连云港市
21	龙苴城遗址	汉	省级文保单位	连云港市
22	甘罗城遗址	秦	省级文保单位	淮安市
23	韩信城遗址	汉－元	省级文保单位	淮安市
24	东阳城遗址	秦汉	省级文保单位	淮安市
25	考城遗址	战国－汉	省级文保单位	淮安市
26	北门瓮城遗址	宋－清	省级文保单位	扬州市
27	泰州城遗址	宋－清	省级文保单位	泰州市
28	凌城遗址	汉	省级文保单位	宿迁市
29	六朝建康都城遗址	东吴—南朝	市县级文保单位	南京市
30	地堡城遗址	清	市县级文保单位	南京市
31	度城遗址	唐－宋	市县级文保单位	苏州市
32	胥城遗址	春秋	市县级文保单位	常州市
33	定波门瓮城遗址	明	市县级文保单位	镇江市
34	沛县故城	秦	市县级文保单位	徐州市
35	邈帝城遗址	汉	市县级文保单位	徐州市
36	宿预故城遗址	晋	市县级文保单位	宿迁市

　　据考古资料显示，江苏城池建筑规模宏大，如徐州梁王城遗址面积为100多万平方米，常州淹城遗址面积约为65万平方米，吴王阖闾城遗址面积约为50万平方米，多处城池建筑遗产被列入国家和江苏省大遗址名录。从保

护等级上看，薛城遗址、固城遗址等 12 处城池建筑为全国重点文保单位，南城遗址等 16 处城池建筑为江苏省文保单位。江苏省城池建筑遗产历史悠久，一些为新石器时代建筑，如薛城遗址等。

梁王城遗址是战国时期苏北最大的城池遗址，面积有 100 多万平方米，城池规模巨大，有护城河、城墙等，分布了不同时期的文化堆积，周围有鹅鸭城遗址、九女墩墓地等。

淹城遗址面积约为 65 万平方米，由子城、内城和外城及三道护城河组成，具有"三城三河"的建筑形制，是春秋时期的城池遗址。

吴王阖闾城遗址面积约为 50 万平方米，由东城和西城组成，东西长约 1000 米，南北最宽处约 500 米，是春秋晚期吴国都城。（图 2-1）

图 2-1　吴王阖闾城遗址

薛城遗址是南京年代最久远的史前古文化遗址，距今大约 5 500-6 300 年，遗址出土了大量的陶器、玉器以及水生动物遗骸，反映出湖荡类型居址的生活状况，对于研究长江下游地区新石器时代的考古文化具有重要的意义。

江阴佘城遗址是夏至周时期古城，面积约为 40 万平方米，是江南地区出现最早一座规模巨大的古城。

东海曲阳城遗址为汉代曲阳县城遗址，南北长约 350 米，东西宽约 300 米，城墙保存完好，是中国东夷文化发源地之一。

苏州越城遗址下层出土了新石器时代至商周时期的文化遗存，体现了新石器时代的文化内涵，上层出土的是春秋战国时期的遗存，对于研究吴越之间军事战争具有重要意义。

镇江铁瓮城遗址是孙吴都城中保存最为完整、建造年代最早的城池遗址，体现了江南城市的典型特征，具有重要的历史价值。

（二）江苏城池建筑遗产的价值

江苏城池建筑遗产是人类生产生活的历史载体，凝聚着中华民族的文化内涵，反映当时政治、经济、文化的真实见证，是中华文明的重要组成部分，与现代文明相互交融、和合共生，展现着中华民族的伟大精神。

1. 历史价值

江苏城池建筑遗产承载着丰富的历史信息，记录着真实的历史状况，是人类文明的智慧结晶。下邳古城遗址发掘出不同时期的历史遗存，如东汉、魏晋、宋代、明清等，这些遗存的形成过程体现着不同时期的历史脉络，为研究不同历史时期的下邳提供了重要参考。从已经出土的文物来看，有宋代铜剪刀、明代瓦当和瓷器等，这些文物体现着当时经济发展的水平，对于研究经济史具有重要价值。苏州越城遗址是春秋时期吴越战争时期修筑的军事设施，从中可以了解吴越两国的军事历史。

2. 文化价值

江苏城池建筑遗产是人类文明的物质载体，体现着中国文化内涵，具有文化多样性特征，文化价值主要体现在区域文化、民族文化等方面。薛城遗址出土的新石器时代文化遗存如陶器、石器等，则是马家洪文化、北阴阳营文化、裕泽文化的代表性遗存，对于了解古丹阳湖原始文化提供了重要价值。佘城遗址是夏周时期的大型城址，出土了众多的青铜器具，如青铜箭镞等，为研究早期吴文化的起源和发展提供了重要参考，充分证明了长江流域也是中华文明的发源地。

3. 社会价值

江苏城池建筑遗产反映着古代社会的真实情况，通过对其研究可以获知古代社会的政治、经济、文化等发展概况。秦汉东阳城遗址是保存较为完整的城池，从其出土的大量钱币可以了解当时城池的繁华程度，说明当时工商业较为发达。对这些城池建筑遗产进行深入研究，研究其经济生活、社会发展等内容，对其进行学术交流和考古研究，可以促进社会文明的进步。开发利用这些城池建筑遗产，采取遗址公园、博物馆等保护模式，向公众展现中国古代城池建筑的恢弘气势，从而提升其社会价值。

4. 艺术价值

江苏城池建筑遗产具有不同的建筑风格，有的是一城一池形制，有的是三城三河形制，体现着不同的建筑特色，对研究建筑艺术具有一定的价值。镇江铁瓮城靠着北固山，山峰将城分为几个空间，形成一个椭圆形的，高出地面二三十米的封闭单元，从城外望去，犹如一个巨大的铁瓮。这种建筑特色给人一种美感，是一种建筑美学的体现，具有很高的艺术价值。曲阳城遗址出土了大量的汉代瓦当，这些瓦当有半圆形和圆形，上面刻有图像和文字，体现了汉代美术和书法艺术的审美艺术。

5. 科学价值

江苏城池建筑遗产是中国古代科学技术的智慧成果，反映出当时科学技术水平和先进生产力，对于研究中国古代建筑技术具有重要的科学价值。江苏城池建筑遗产的科学价值主要体现在建造、施工、结构、建筑材料、建筑工艺等方面，它们对于现代建筑技术具有重要的参考价值。根据考古研究得知泗州城遗址分为内、外城，外城用大的条石砌筑成，石灰中加入糯米汁搅拌后作为墙体黏结剂，这种建造方式非常牢固。淹城遗址出土的独木舟被誉为天下第一舟，舟的两端尖角上翘，由整段楠木挖空制成，通过人工烧烤和斧凿制作成型。

二、江苏城池建筑遗产保护与发展

（一）保护与发展的成功模式

1. 考古遗址公园

2015 年 2 月，国际古迹遗址理事会在阿曼召开了考古遗址公园第一次国际会议，形成了《塞拉莱建议》，指出"考古遗址公园"应纳入国际古迹遗址理事会官方通用术语，并对"考古遗址公园"进行定义。[①]

国外对于城池建筑遗产大多采用遗址公园保护模式，比较具有代表性的有英国弗拉格考古遗址公园。[②]弗拉格遗址是距今三千五百多年的青铜时代遗址，遗址是建立在小岛屿上，出土了大量的陶器，青铜器等，还发掘出了 8 条小船，这些文物都反映了该地区青铜时代的生产和生活概况。当地在此基础上建立弗拉格考古遗址公园，公园占地面积约 20 英亩，分为户外区域和游客区域，户外区域展出了青铜时代的圆房子等，游客区域主要有陈列厅、展示厅等。

自从 2009 年国家文物局进行考古遗址公园立项建设以来，目前已经命名了三批共 36 处国家考古遗址公园，其中关于城池建筑遗产有汉长安城遗址、曲阜鲁国故城、良渚遗址、大明宫遗址、明中都皇故城、盘龙城、隋唐洛阳城等。这些遗址公园一般分为城市遗址公园和田野遗址公园，城市遗址公园主要是

---

① 王新文、付晓萌、张沛. 考古遗址公园研究进展与趋势 [J]. 中国园林，2019(7)：93-96.

② 孙悦. 考古遗址公园的案例分析与展望 [D]. 山东大学，2016.

依托城市和遗址作为主要区域，将城市景观和遗址风貌相结合；田野遗址公园多以乡村自然风光和遗址相结合，以展现自然风貌和历史文化为主。

2. 遗址博物馆

遗址博物馆是以博物馆方式经营现场，保存、展示遗址，遗址博物馆的类型丰富多样，按照遗址构成可以分为砖石遗址、土遗址、木遗址等博物馆，按照位置可以分为地面、地下、水下等遗址博物馆。

遗址博物馆是目前国内最为广泛使用的一种保护模式，这种模式对于城池建筑遗产来说具有较好的保护效果，具有代表性的遗址博物馆主要有金沙遗址博物馆、殷墟博物馆等。

成都金沙遗址分布范围约 5 平方千米，是公元前 12 世纪至公元前 7 世纪古蜀王国的都邑。博物馆由遗迹馆、陈列馆、文保中心、园林区等构成，是一个现代化园林式博物馆。馆内展示了"太阳神鸟"金饰等出土的文物，用文化创意活动来传播金沙文明和古蜀文化。

殷墟博物馆位于殷墟宫殿宗庙遗址之内，博物馆采取建筑主体下沉地下设计，地表用植被覆盖，以使建筑与周围地貌保持协调，最大限度地维持殷墟遗址原有的面貌。馆内展出甲骨文、青铜器、玉器等文物，显示出殷商文化的独特魅力。

（二）江苏城池建筑遗产保护与发展的原则

江苏城池建筑遗产需要遵循科学合理的保护原则，选择切合实际的开发模式，协调好文化遗产保护和经济发展之间的关系，充分发挥遗产的价值，使其能够实现可持续发展的目标。

1. 整体原真性

江苏城池建筑遗产与周边的自然环境、人文环境共同构成一个完整的整体，这些都是遗产保护必不可少的要素，需要对其进行整体性保护，不去破坏其遗产整体性，遵循科学的保护规划，划定合理的保护范围，确保遗产能够得到充分的保护。

原真性是文化遗产保护的第一原则，对于江苏城池建筑遗产来说，保护其原真性主要体现在：一是原有的城池建筑形制，包括平面布局、建筑形态、建筑风格等；二是在修缮城池建筑时需要保持原有的建造工艺和建筑材料。真实还原城池建筑遗产的原貌，完整保存城池建筑的格局。

2. 生态保护优先

江苏城池建筑遗产规模大，与其周边生态环境密不可分，在保护过程中应该把生态保护放在优先位置予以考虑，要从建筑单体的保护向整体环境转变，要把生态环境列入重点保护范围，还要专门进行生态规划，确保遗产的生态得到更好的保护。

在进行开发利用时要防止破坏生态环境和原生态文化，注重自然生态和生态文化保护，处理好遗产开发与生态保护之间的关系，坚持生态保护优先、科学合理开发的原则。另外还要注意防止环境污染的出现，开发遗产时注意使用清洁能源，减少废弃污染物的排放，科学配置与合理利用自然资源。

3. 合理开发利用

根据江苏城池建筑遗产的不同特点，需要采取不同的开发模式。在选择遗址公园模式时要对其进行功能分区，在公园内利用遗址进行规划设计，将其分为若干个功能区，将自然资源与人文自然有机融合，体现多样性的统一格局。在选择遗址博物馆模式时要对馆内各区域进行合理规划，分为展示区和教育区等，不同展区展出不同的陈列品，形成层次分明的展示区域。

开发利用江苏城池建筑遗产时要重视其社会效应，不能为了片面追求经济效益而去建设一些与遗产格格不入的景观，更不能篡改历史去创造假文物，要注重遗产的内涵拓展，倡导合理开发利用原则，实现遗产的可持续发展。

4. 协同创新保护

江苏城池建筑遗产保护需要各方面统一协作，发挥优势，共同组建一个协同创新的平台，建立良好的协同创新机制。要积极拓展与其他领域之间的合作，建立跨界合作联盟，大力宣传江苏城池建筑遗产保护的重要性，对江苏城池建筑遗产进行多角度和全方位的保护。

发展遗产保护的新业态，将文化创意产业引入到遗产的保护中，大力发展新型文化旅游产业，拓宽遗址文化产业链。利用现代科技进行创新发展，让文化遗产和现代信息技术在协同中共同发展，实现资源的最大化配置，提高遗产保护效率。

（三）江苏城池建筑遗产保护与发展的模式

1. 历史文化旅游区

历史文化旅游区是依托当地的风景名胜、历史古迹、自然风光等资源，将城池建筑遗产作为旅游区的一个景点，形成具有浓厚文化底蕴的历史文化旅游区。

孔望山古城遗址位于国家 AAAA 级景区孔望山，相传孔子在孔望山向郯子请教官职制度方面的学问，山顶留有"孔子望海"雕像、孔望亭。孔望山历史人文古迹丰富，拥有唐代寺庙龙洞庵、东汉时期孔望山摩崖石刻造像群等。孔望山古城遗址是保存较为完整的宋代军事城堡，东西长 640、南北宽550米，总面积约 29 万平方米。可以将孔望山古城遗址进行修复，建设陈列展览馆，将古城遗址和孔望山风景区有机融合，利用孔望山自然风光、人文资源、历史遗存等资源优势，结合孔望山古城遗址丰富的文物和周边良好的生态环境，打造集休闲度假、观光旅游于一体的历史文化旅游区。（图 2-2）

图 2-2　孔望山古城遗址

2. 生态养生度假区

生态养生度假区是指以生态农业资源为依托，通过农作物种植、农产品展示、果蔬采摘、园艺欣赏等农业生产活动来赋予旅游以生态内涵，科学规划园区布局，巧妙精心景观设计，优化产业结构，集休闲观光旅游、生态农产品销售、农业科普教育等于一体的大型综合性度假区。生态养生度假区将城池建筑遗产融入其中，将其与自然风光、生态农业有机结合，园内既有农业生产活动，还有农村传统习俗展示，可以为游客提供具有乡村文化特色的旅游农产品，以满足游客对田园旅游和乡村生活的追求。

位于丹阳市的葛城遗址是使用时间最长、保存较为完好的吴国城池建筑遗产，占地面积 86 亩，核心区域 64 亩，三道环壕面积约 200 亩。遗址所在地生态环境优美，自然资源丰富，人文景观独特，盛产生态农产品，特别适合开发生态养生度假区。可以依托当地优质自然资源，以休闲养生度假为主题，深入挖掘当地民俗文化内涵，建设中医养生体验街、养生文化博览中心、养生会所等，打造集中医保健养生、宗教文化朝圣、休闲度假、旅游观光于一体的生态养生度假区。（图 2-3）

图 2-3 葛城遗址

3. 体育休闲森林公园

体育休闲森林公园是指利用得天独厚的山地资源，发掘山区休闲体育魅力，开发休闲体育旅游产品，建设休闲体育旅游项目，打造集休闲度假、体育文化、健康旅游为一体的多元化旅游综合体。体育休闲森林公园可以适用于乡村的城池建筑遗产，将其与森林、山川、河流、农田等有机融合，不仅可以有效保护遗址，还可以带动当地经济发展。

徐州石户城遗址南边靠着山体，其他三面为城墙，是保存较好的土城遗址。依托当地山体的地理特征，结合当地的体育特色，开发一些体育活动项目，将体育文化与健康旅游有机结合，聚焦山地马拉松、攀岩登山等户外运动，承接举办一些大型的休闲体育赛事，建设融合观光、休闲、健身、养生等多元素的户外运动和体育文化主题公园，将休闲旅游和体育运动有机融合，打造具有山区特色的集户外运动、体育文化展示、休闲旅游、健康养生于一体的体育休闲森林公园。

4. 遗址文化体验区

遗址文化体验区是利用自然景观资源、历史文化资源、民俗文化资源设立的以感受遗址文化特色为目的的体验区，设计体验式的文化产品，打造全新的体验式旅游模式，让游客参与其中，提高游客的旅游体验感，形成对遗址文化的深层次认识。

扬州城考古遗址公园作为第一批国家考古遗址公园，包括扬州城遗址（隋至宋）的全部范围，以及 2013 年发现的曹庄隋唐墓（隋炀帝墓），总保护范围约 20.43 平方千米。现已建成的部分包括宋大城西门遗址博物馆、宋大城北门遗址广场、唐宋城东门遗址广场、南门遗址广场、宋夹城考古遗址公园等，唐子城·宋堡城考古遗址公园、隋炀帝墓考古遗址公园正在有序建设中。[①]

可以依托扬州城遗址公园打造遗址文化体验区，采用丰富的体验活动，让游客身临其境，参与模拟考古、实地勘测、考古发掘等一系列活动。运用现代高科技手段，将遗址予以还原历史背景，采用声光电等媒介再现遗址真实场景，运用 3D 裸眼视觉技术，让游客真实体验历史氛围。采用实景舞台剧手段演绎遗址相关历史故事，通过演艺化、数字化的全新体验和表现形式来充分展示遗址的历史。

（四）江苏城池建筑遗产保护与发展现状

2005 年以来国家文物局相继出台了大遗址保护专项规划，并建立国家大遗址保护项目库，扬州城遗址、阖闾城遗址、淹城遗址等被列入国家大遗址保护规划。

各地采取积极的保护手段，加强对大遗址的保护。2011 年以来江苏省开始大遗址评选，迄今为止，共计 3 批大遗址入选名录，其中包括吴王阖闾城遗址、盱眙泗州城遗址、丹阳葛城遗址等。

江苏省大遗址的保护工作取得了初步成效，各地采取了不同的保护模式，有力推动了大遗址保护工作，相继建成一大批遗址公园和博物馆，包括淹城遗址公园、薛城遗址公园、六朝博物馆等，这些城池建筑遗产充分显现出独特的文化魅力，不仅提升了当地的文化品位，还促进了区域经济的发展。

南京薛城遗址公园是依托薛城遗址建立的考古遗址公园，共分为现场展示区、出土文物陈列馆和万株牡丹园三个区域。2021 年 7 月 14 日，南京师范大学考古教学实习基地在高淳区薛城遗址成立，将对薛城遗址进行深入考古研究，发挥遗址保护利用对社会发展的推动作用，展现高淳文旅融合新风貌。

南京六朝博物馆是展示六朝文物最全面的遗址博物馆，它是建立在六朝建康都城遗址基础上，地下一层是一段长 25 米、宽 10 米的六朝建康宫城夯土墙遗址。（图 2-4）

淹城遗址公园建于春秋时期城池遗址之上，淹城遗址为三城三河形制，从里往外由子城、子城河，内城、内城河，外城、外城河组成，淹城遗址公园内有奄君殿遗址、淹城神龟石像、孙武草庐等建筑。淹城遗址公园规划建设以数字复原展览、VR 体验、文博展览等为一体的多功能博物馆，打造展现江南水文化和春秋文化的遗址公园。

---

① 考古遗址公园 . http://www.yzcdyz.com/index.php?m=content&c=index&a=lists&catid=54.

图 2-4　南京六朝博物馆

　　阖闾城遗址是吴王阖闾的都城，2013 年入选国家考古遗址公园立项名录。无锡阖闾城博物馆依托阖闾城遗址建立，占地面积 95 亩，建筑面积 2.7 万平方米，分为主楼展览区和附楼吴文化交流研究中心，馆内展厅有薪火相传厅、吴地探古厅、阖闾雄风厅、吴风古韵厅以及 3D 影院和多媒体互动厅，运用图片、影像以及 3D 现代多媒体技术展现吴国的兴衰成败和吴文化的博大精深。（图 2-5）

图 2-5　无锡阖闾城博物馆

（五）江苏城池建筑遗产保护与发展存在的问题

1. 法律体制亟待健全，常态化保护机制尚需完善

江苏城池建筑遗产除了少数为城墙建筑之外，大多为夯土结构建筑遗址，

这些城池遗址很多是分布在农村田野里，这些地方长期处于露天环境，缺少足够的保护措施。由于受到自然风化、雨水侵蚀、自然灾害等因素影响，一些城池遗址不同程度的受到损坏。近年来随着城镇建设的不断推进，城池建筑遗产保护面临着严峻的问题，高层建筑的出现影响到城池建筑遗产的整体风貌，城市基础设施的建设影响到城池建筑遗产的整体性。

此外，由于人们对城池遗址的文物保护重视力度不够，盲目追求经济利益，导致出现了一些破坏遗址和偷盗文物现象的发生。曲阳城遗址在 2017 年遭到了人为盗掘，破坏了遗址本体。[①]2021 年龙苴古城遗址发生了盗掘遗址内铜钱的案件，对遗址本体造成了严重损坏。[②] 这些都表明城池遗址保护工作中重视程度有待进一步加深，保护责任有待进一步加强，保护监管需要形成常态化机制。

2. 保护规划不够科学，可持续发展战略尚需加强

由于城池建筑遗产占地面积大、规模宏大、等级较高，对于其保护规划的制定需要多个部门相互协调和共同完成，涉及到文物、城乡建设、自然资源、生态环境等。一些城池建筑遗产在制定保护规划时没有进行科学论证，往往只考虑到遗址的本体性，忽视了城池建筑遗产的整体性，缺少对长期和短期保护方案的计划，没有综合考虑城乡发展规划与城池建筑遗产的一致性。

在文化旅游拉动经济的推动下，很多地方为了发展经济，利用当地的历史遗存开展旅游开发，将遗址建设成为旅游景区，打造文化旅游品牌。但是片面追求经济利益会导致文化内涵缺失，一些地方开发旅游产品缺乏文化气息，文化品位不高，没有体现地域文化特色。一些遗址在开展旅游的同时，只重视开发利用，而没有考虑到遗址的承载力，导致城池建筑遗产的生态环境和文化生态遭到破坏，忽视了建筑遗产可持续发展，严重影响建筑遗产的社会效益的发挥。

3. 保护资金相对不足，资金多元投入格局未形成

目前国家对成为全国重点文物保护单位的城池建筑遗产投入保护资金，用以加强遗址的保护和管理，各省市也对相应级别的文保单位进行资金扶持，主要用以遗址的日常维护、修缮等，此外国家还对国家级考古遗址公园或者博物馆立项项目给予大量的资金，因此这些价值重大、等级高的城池建筑遗

---

① 两千年古城遭盗掘，检察建议促进历史文物保护 [EB/OL]. 新浪网 http://k.sina.com.cn/article_3177450665_bd640ca902000w6jz.html.

② 灌云检察建议力促龙苴古城保护 [EB/OL]. 中国江苏网 https://baijiahao.baidu.com/s?id=1704891411614055854&wfr=spider&for=pc.

产得到了大量的保护资金。但是由于大遗址的保护是一项复杂的系统工程，需要各方面来进行保护，前期保护需要勘察、测绘、发掘等工程，保护方案通过后进行施工时需要涉及到房屋拆迁、土地转让、人员安置等诸多环节，这些都需要花费大量的资金。尽管国家投入的保护资金逐年递增，但是由于地方财政资金投入受限，所以一些城池建筑遗产难以维持日常管理。

城池建筑遗产的保护需要社会力量的参与，需要获得各方面的资金支持，但是目前来看，江苏省城池建筑遗产保护资金主要依赖于国家和地方财政支持，没有形成多元投资保护格局。尽管有些城池建筑遗产面向社会进行融资，但是由于城池建筑遗产的保护开发需要长时间才能回本，短时期内很难获得经济效益，具有一定的投资风险。因此很难吸引到更多社会资金投入，导致城池建筑遗产保护资金来源单一，甚至出现资金短缺的现象，严重影响到江苏城池建筑遗产的保护。

4. 利用方式较为单一，遗址文化内涵挖掘不深入

对于一些规模较大、等级高的城池建筑遗产一般采用现状保护手段，采取露天展示等方式，保持遗址的完整性和原真性，不去破坏原有的建筑风貌。还有的在原址基础上建立遗址公园或者博物馆等，这些遗址公园和博物馆大多是采取传统的展馆陈列形式，把发掘出来的文物进行展示，辅以图片、文字等相关介绍，让观众了解遗址的概况。这种传统的保护利用形式比较单一，缺少现代媒体技术，较少运用 3D 裸视、AR、VR 等视觉表达技术去动态的展示遗址的全貌。

江苏城池建筑遗产具有丰富的文化内涵，充分的挖掘其内涵，形成独特的魅力，这样开发出来的项目才有吸引力。但是一些遗址在开发过程中发掘内涵不够深入，只是向观众传达一种遗址本身的信息，没有充分的将遗址背后隐藏的文化内涵展现出来，导致人们对遗址的认识只是停留在浅层次，不能深入了解遗址的历史变迁和文化价值，影响到人们对遗址重要性的认识。此外，缺少深层次文化内涵的开发项目也很难获得长久的支持，既不利于遗址的文化传播，也不利于当地的经济发展。

5. 产业结构有待优化，文化产业集群效应未凸显

目前，国内多个大遗址都在规划打造遗址文化产业集群，如殷墟遗址、汉长安城遗址等。殷墟遗址正在利用资源优势，以文化产业促进殷墟遗址保护，打造殷墟遗址文化产业集群。[①]

---

① 郭芳华、冯皎．殷墟大遗址文化产业集群发展研究 [J]．城市，2012(04):17-19.

江苏省城池建筑遗产开发利用不均衡，不同地区的遗址独立进行开发，未能形成大遗址的集群效应，未能和当地其他文化资源进行整合开发，不能形成较好的产业集群效应。

有的地方没有把遗址列入城市整体发展规划中，不能统筹本地区其他资源与遗址整合开发，没有建设文化创意产业园，因此就难以形成多元文化产业链。有的遗址进行了较好的文化产业开发，如淹城遗址，形成了淹城春秋乐园、淹城遗址公园、淹城博物馆、淹城野生动物世界等，但是并没有形成遗址文化产业集群，也没有将淹城遗址与其他文化资源联合开发，因此也就未能将遗址资源转化为文化产业。

（六）江苏城池建筑遗产保护与发展的对策

1. 完善相关法律法规，建立健全保护法律体系

目前，江苏省政府下发了遗址保护工作的相关通知，《江苏省历史文化名城名镇保护条例》也把大遗址列入保护范围，各市相继制定出台了一系列关于文化遗产保护的相关法律法规，如《常州历史文化名城保护条例》将淹城遗址、阖闾城遗址列入保护名录。

城池建筑遗产保护应该是以政府为保护主体，需要政府出台相关法律进行管理。目前国内很多地方专门针对本地区遗址进行立法，如《郑州市大遗址保护条例》，还有的地方对一些重要的遗址进行了单独立法，如《隋唐洛阳城遗址保护条例》《西安市汉长安城未央宫遗址保护管理办法》等。

但是江苏省各地尚未针对本地区遗址或者单个遗址进行专门立法，因此需要出台本地区遗址保护办法，将一些重要的城池建筑遗产列入保护名录，明确本地区各部门的管理职责，将城池建筑遗产的保护列入本地区国民经济发展规划，针对一些破坏或保护不力的行为予以惩处，并制定问责机制。

2. 科学制定保护规划，构建保护发展全新格局

各地应该针对本地区城池建筑遗产制定相应的保护规划，开展遗产调查工作，对遗产进行实地勘测，综合评估遗产价值，做好遗产的评估工作。对遗址进行分类分级保护，对价值大、等级高的大遗址进行重点保护，制定保护规划，划定保护范围，对其进行全面的保护。将一些等级不高、价值较低的遗产也纳入本地区遗址保护范围，将其与周边旅游资源联动开发，形成良性互动的保护机制。规划部门要加快编制遗址保护方案，制定旅游开发规划，要在保持遗址原真性和完整性基础上有序科学，不去破坏遗址的周边环境，不去过度开发旅游资源，坚持可持续发展的原则进行适度开发。

按照全域旅游发展思路，构建遗产保护与开发融合发展新格局，将遗址与历史文化资源融合，开发文化旅游景区，重点打造一批经典旅游线路，加快配套旅游设施建设，形成独特的遗址文化品牌，有效促进遗址保护与经济发展互动发展。

3. 大力拓宽投资渠道，积极探索多元融资模式

积极探索多元化融资模式，大力拓宽投融资渠道。积极争取国家专项保护资金，将更多的城池建筑遗产申报成为各级文保单位，以此获得各级政府的文物保护资金。地方政府要发挥主导作用，加大对城池建筑遗产保护资金的投入，列入本级政府的财政预算，建立保护资金投入保障机制，确保专项资金能投入到各个遗址的保护中，加强保护专项资金的监管工作。

大力引进社会资金投入，各级政府要与银行、信托、基金等机构建立长期稳定的战略合作关系，利用 PPP 等合作模式联合开展城池建筑遗产的开发工作。吸收民间资本参与城池建筑遗产旅游开发，制定相应的激励政策，提高社会力量的参与热情。采取股份合作制方式，对一些城池建筑遗产实行社会力量主导的开发模式，在不破坏遗址的情况下可以实行多样化的开发模式。

4. 深入挖掘文化内涵，充分展现遗产独特魅力

江苏城池建筑遗产蕴含着丰富的地域文化内涵，是在不同历史时期经济、社会、文化发展集中体现。深入挖掘城池建筑遗产内涵，突出旅游产品的文化特色。运用虚拟现实技术来营造城池建筑遗产的文化氛围，将 AR、VR 等虚拟现实技术引入到遗址旅游开发中，引入环幕投影、5D 影像、3D 动画等高科技手段，真实再现遗址所处时代的文化环境，通过一些体验项目，让游客真实感受到文化氛围。

积极打造遗址实景舞台剧，将遗址相关的历史故事进行改编成剧本，通过编排由演员在遗址演出，将原本单一、枯燥的遗址变为游客流连忘返的旅游目的地。积极推进遗址文化旅游融合发展，结合遗址所在地，适时开展乡村休闲旅游，打造研学基地和文化体验区。依托遗址所在地的自然资源和人文资源，大力建设遗址文化公园，全方位的展示遗址文化资源特色，提高遗址文化的趣味性和体验性，让游客真实感受到遗址文化的独特魅力。

5. 大力发展文创产业，打造知名遗址文化品牌

重点打造一批竞争力强、具有鲜明地域文化特色的城池建筑遗产文化品牌，提高遗址文化产业的知名度。整合遗址所在地各种资源和产业，通过兼并和重组的方式建立遗址文化旅游产业集团，负责遗址文化产业的旅游开发，推动文化旅游高质量发展。将遗址所在地的自然资源、文化资源、生态资源，

以及博物馆、图书馆等文化设施进行整合，打造一批具有国内知名度的遗址文化品牌。

大力发展遗址文化创意产业，创新遗址文化旅游产品，深入挖掘遗址文化内涵，开发独具一格的创意旅游商品，拓展遗址文化创意产业链，形成完整的旅游文化创意产品体系。积极探索遗址文化创意衍生品的开发模式，将影视传媒、动漫设计等衍生业态引入，重点实行遗址文化资源的深度开发，完善遗址文化创意产业结构。

第三章

江苏工业建筑遗产

2017 年至今，工信部公布了四批获得认定的国家工业遗产名单，江苏入选的工业建筑遗产有金陵机器局、永利化学工业公司铔厂、茂新面粉厂旧址、大生纱厂、常州恒源畅厂、常州大明纱厂等。这些工业建筑遗产都是反映当时政治、经济、文化的真实见证，对于研究中国工业发展史具有重要意义。

一、江苏工业建筑遗产概况

（一）江苏工业建筑遗产分布情况

本书选取了江苏省 47 处工业建筑遗产进行研究，从地域上看，南京 12 处，苏州 4 处，无锡 7 处，常州 6 处，镇江 1 处，扬州 3 处，泰州 1 处，南通 7 处，淮安 1 处，盐城 1 处，连云港 2 处，宿迁 2 处。从保护等级上看，全国重点文物保护单位 4 处，省级文保单位 15 处，市级文保单位 17 处。从遗产等级来看，国家工业遗产 8 处，入选中国工业遗产保护名录 13 处。

表 3-1　江苏工业建筑遗产一览表（部分）

序号	名称	时代	保护级别	所在地区
1	金陵机器局	清	全国重点文保单位	南京市
2	茂新面粉厂旧址	民国	全国重点文保单位	无锡市
3	大生纱厂	清	全国重点文保单位	南通市
4	南通大生第三纺织公司旧址	民国	全国重点文保单位	南通市
5	浦镇车辆厂英式建筑	清	省级文保单位	南京市
6	浦口火车站及附属建筑	民国	省级文保单位	南京市

（续表）

序号	名称	时代	保护级别	所在地区
7	和记洋行旧址	民国	省级文保单位	南京市
8	春雷造船厂船坞	1954年	省级文保单位	无锡市
9	永泰丝厂旧址	民国	省级文保单位	无锡市
10	北仓门蚕丝仓库	民国	省级文保单位	无锡市
11	振新纱厂旧址	清	省级文保单位	无锡市
12	大成三厂旧址	民国	省级文保单位	常州市
13	恒源畅厂旧址	民国	省级文保单位	常州市
14	戚机厂旧址	民国	省级文保单位	常州市
15	五丰面粉厂旧址	民国	省级文保单位	苏州市
16	大达内河轮船公司旧址	清、民国	省级文保单位	南通市
17	连云港火车站旧址	民国	省级文保单位	连云港市
18	东明电气股份有限公司旧址	民国	省级文保单位	盐城市
19	扬州麦粉厂旧址	民国	省级文保单位	扬州市
20	永利硫酸铔厂旧址	民国	市级文保单位	南京市
21	江南水泥厂旧址	民国	市级文保单位	南京市
22	浦口电厂旧址	民国	市级文保单位	南京市
23	下关浦口铁路轮渡桥	民国	市级文保单位	南京市
24	亚细亚火油公司旧址	民国	市级文保单位	南京市
25	大成二厂竞园、老厂房	民国	市级文保单位	常州市
26	大明厂民国建筑群	民国	市级文保单位	常州市
27	常州第二无线电厂旧址	1965年	市级文保单位	常州市
28	浒关蚕种场	民国	市级文保单位	苏州市
29	苏州坛丘缫丝厂旧址	建国初	市级文保单位	苏州市
30	苏纶纱厂旧址	民国	市级文保单位	苏州市
31	扬州麦粉厂旧址	清	市级文保单位	扬州市
32	谢馥春旧址	清	市级文保单位	扬州市
33	鼎昌丝厂旧址	民国	市级文保单位	无锡市
34	西漳蚕种场旧址	民国	市级文保单位	无锡市
35	泰来面粉厂	清	市级文保单位	泰州市
36	锦屏磷矿旧址	民国	市级文保单位	连云港市
37	中国水泥厂	民国	中国工业遗产	南京市
38	民国首都电厂旧址	民国	中国工业遗产	南京市
39	民国首都水厂旧址	民国	中国工业遗产	南京市
40	颐生酿造厂老厂区	清	/	南通市
41	大兴面粉厂	清	/	南通市
42	广生油厂旧址	清	/	南通市

（续表）

序号	名称	时代	保护级别	所在地区
43	南通造纸厂旧址	民国	/	南通市
44	丹阳钢铁厂	现代	/	镇江市
45	淮阴新华印刷厂	现代	/	淮安市
46	江苏玻璃厂	现代	/	宿迁市
47	宿迁中运河老粮库	现代	/	宿迁市

洋务运动期间，一些洋务派代表人物在南京创办了军事工业和民用工业，如金陵机器制造局、煤矿、发电厂等。

金陵机器制造局位于南京市中华门外，1865 年由李鸿章创办，现存 9 栋清代建筑、27 栋民国建筑以及 20 余栋其他年代建筑，总占地面积近 4 千平方米，是目前国内最大的近现代工业建筑群。现为全国重点文物保护单位，并入选国家工业遗产名录。

依托金陵机器制造局改造成南京 1865 创意产业园，园区拥有科普场馆数 6 个，其中包括晨光厂史陈列馆、江苏省文创成果展示中心、字画艺术展示中心、钱币博物馆等。[①]（图 3-1）

图 3-1　金陵机器制造局和 1865 创意产业园

民国首都电厂旧址位于南京市鼓楼区江边路，总占地面积约 3.3 万平方米，2018 年入选中国工业遗产保护名录。2014 年在此基础上建成民国首都电厂旧址公园，占地约 1 万平方米，保留了原有厂房、办公楼、发电设备、运煤码头、塔吊、输煤系统等设施，公园由工业遗存展览馆、码头、水上观景

---

① 黄松 . 工业遗产"艺术转型"——从金陵制造局到 1865 创意园 [N]. 澎湃新闻 https://www.thepaper.cn/newsDetail_forward_2946738.

平台、市民互动区等构成。（图 3-2）

图 3-2　民国首都电厂旧址公园

江南水泥厂旧址位于南京市栖霞区栖霞镇，始建于 1935 年，厂区内有 16 幢民国建筑，建筑面积约 6 千多平方米。现为南京市文保单位，2018 年入选中国工业遗产保护名录。

茂新面粉厂旧址是荣宗敬、荣德生兄弟于 1900 年创办，位于无锡市南长区振新路，2013 年被列入全国重点文物保护单位，2018 年入选中国工业遗产保护名录。

茂新面粉厂旧址现存茂新面粉厂麦仓、制粉车间和办公楼等主体建筑，厂房为红砖砌面，生产机器保存完好，在此基础上建立了无锡民族工商业博物馆，馆内展出民族工商业的文物实物资料，以及面粉加工厂流程复原，再现了无锡民族工商业的辉煌时代。（图 3-3）

图 3-3　茂新面粉厂及无锡民族工商业博物馆

永泰丝厂旧址是薛南溟、薛寿萱父子于1896年创办，位于无锡市南长街，中国早期重要的机器丝绸厂之一，2006年被列入江苏省文物保护单位，2018年入选中国工业遗产保护名录。

中国丝业博物馆是在永泰丝厂旧址基础上建立的，由民国时期建筑构成，馆内陈设关于蚕丝和丝绸方面的展品，展示丝业文化的全景，体现了中国传统丝织技术和中国丝绸文化的博大精深。（图3-4）

图3-4　永泰丝厂旧址及中国丝业博物馆

北仓门蚕丝仓库位于无锡市梁溪区北仓门，北仓门蚕丝仓库由一栋二层办公楼和两栋三层蚕茧仓库建筑组成，为砖木结构，建筑面积约六千平方米，库房高约5米。

依托北仓门蚕丝仓库改造成无锡北仓门生活艺术中心，保留了仓库原有结构和建筑风格，开辟了创作、展览、交流、服务四大功能区域，是极具特色的文化创意产业园。（图3-5）

图3-5　北仓门蚕丝仓库及北仓门生活艺术中心

常州是近代工业发祥地之一，纺织、机械、电力行业较为发达，大运河沿岸留有众多的工业遗产，如常州恒源畅厂旧址、大成三厂旧址、戚机厂旧址等。这些工业遗产沿着大运河呈线性分布，在中国工业发展史具有重要的价值。

恒源畅厂旧址位于常州市钟楼区三堡街，原为常州第五毛纺织厂，建于1936年，2011年被列入江苏省文物保护单位，2019年入选中国工业遗产保护名录。

现存有老厂房、办公室等建筑，在此基础上改造成为运河五号创意街区，以工业遗存、运河文化、创意产业为主题，园内建有恒源畅历史陈列馆、运河五号剧场、大运河记忆馆、恒源畅书坊、常州画派纪念馆、工业党建馆等。（图3-6）

图3-6　恒源畅厂旧址和运河五号创意街区

大成三厂旧址位于常州市天宁区采菱路，大成三厂是纺织工业巨子刘国钧创办的纺织厂，始建于20世纪30年代，总占地面积三万多平方米。现为江苏省文物保护单位。现存有厂房、办公楼、原料库等建筑，是常州市保存最为完整、体量最大的纺织业建筑遗存。（图3-7）

大明纱厂位于常州市经济开发区，始建于1921年，原为常州市第四棉纺织厂，厂区现存厂房、水塔、会议室、实验室等民国建筑，建筑面积约1 300平方米。

在此基础上改造为常州大明1921创意园，总占地面积3.66万平方米，园内分为两个区域：文化办公展示区以文化创意功能为主，生产加工区以棉纱生产功能为主。（图3-8）

图 3-7　大成三厂旧址

图 3-8　常州大明 1921 创意园

（二）江苏工业建筑遗产的价值

1. 历史价值

江苏工业建筑是不同时期中国工业发展水平的集中反映，真实再现了当时生产场景和工业技术，承载着丰富的历史信息，一定程度上反映着当时的工业发展历史。

江苏是中国近现代民族工商业的发祥地，很多历史人物与其密切相关，如李鸿章与金陵机器制造局，张謇与南通大生纱厂，荣宗敬、荣德生与无锡茂新面粉厂，刘国钧与常州恒源畅厂等。这些工业建筑遗产都是江苏工业发展过程中的重要历史遗存，承载着江苏人民的历史记忆。

南京江南水泥厂不仅是中国近代水泥工业发展史上的重要企业，还保存有大量日军侵华期间南京大屠杀的遗址遗迹。它是中华民族儿女反抗日本侵略者的历史见证，与之相关的历史事件必将永久铭刻在中华民族抗战历史史册中。

2. 文化价值

江苏工业建筑遗产蕴含着丰富的工业文化内涵，工业文化包含物质文化、精神文化、制度文化等，工业物质文化指的是工业遗存，工业精神文化指的是工厂创建者和工人们的精神面貌，工业制度文化指的是制定的规范法则等。

无锡工业建筑遗产是荣氏兄弟创办的民族工商业，它代表着中国近现代史民族工商业的文化内涵，孕育着中国民族工商业的艰苦奋斗的精神，是中国民族工商业的真实见证。

保护工业建筑遗产可以增强人们对江苏工业文化的认同，形成强大的精神力量，推动江苏工业发展。深入挖掘江苏工业文化内涵，将工业文化与工业建筑遗产相融合，提升江苏工业文化品牌竞争力。

3. 社会价值

江苏工业建筑遗产是和社会息息相关的，是工业社会发展的物质载体，对当时社会发展具有强大的推动力。这些工业建筑遗产作为工业社会发展的见证，记载着同时期社会发展的脉络，也记录着工业企业的社会责任。对江苏工业遗产进行保护利用，是对当时社会状况的真实再现，有利于发挥其社会价值。

常州恒源畅厂曾经是常州第五毛纺厂，它代表着当时纺织工业水平，工人们在工厂中创造的物质财富都是社会经济发展的集中体现，由此产生的一些相关的文艺作品如工业诗就是展现了当时纺织工人的精神面貌。如今的运河五号创意街区则是延续了工业文化，将工业遗存予以文化创意展示，让纺织厂焕发了新颜，重塑了纺织文化的形象，展现了工业文化的社会影响力。

4. 科技价值

江苏工业建筑遗产体现着当时先进的工业技术水平，代表着当时先进的生产力，一些工业企业采用了先进的生产工艺和工艺流程，也是具有高超的科技水平，一定程度上是不同时期科学技术水平的集中体现。这些工业建筑遗产都为研究中国科技发展史提供了重要依据，对工业建筑遗产的保护不仅延续工业文化，还可以展现工业社会的科技发展轨迹，发挥工业建筑遗产的科技价值。

金陵机器制造局是南京第一座近代机械化工厂，拥有当时最先进的军工制造设备，生产的枪炮质量很高，代表着当时高超的军工制造水平。厂内留存的清代和民国建筑遗产建筑风格独特，在规划选址和建筑布局时都充分体现了精湛的建筑水平。南通大生纱厂拥有大生码头牌楼、钟楼、公事厅、专家楼等建筑，结构独特，建筑风貌保存完好，入选中国20世纪建筑遗产。

5. 艺术价值

江苏工业建筑遗产体现着江苏建筑文化特色，反映着中国近现代建筑的精湛技艺和建筑风格，展现了特定的时代特征和艺术魅力。工业建筑遗产的厂房、办公楼等建筑都是不同时期建筑风格的体现，随着时代的变迁，这些工业建筑遗产虽然失去了应用价值，但是建筑艺术价值仍然保存下来。

南京工业建筑受到了西方建筑的影响，如浦镇车辆厂英式建筑具有英国风格，建有卧室、舞厅、餐厅等设施，采用红砖砌面，砖木结构为主，整体建筑造型巧妙，具有典型的欧洲风情。一些工业建筑遗产体现着中西合璧的建筑风格，如中国首批钢筋混凝土建筑和记洋行，是最具现代化的工厂。还有一些建国后建设的工业建筑遗产，它的建造风格模仿苏联，运用简洁、实用的手法来建造厂房、车间等，体现了现代建筑美学的建筑特征。

二、江苏工业建筑遗产保护与发展

（一）保护与发展的成功模式

1. 欧洲

欧洲是近代工业革命的发源地，欧洲的工业遗存众多，成为人类工业发展史上具有重要里程碑的工业遗产。欧洲的工业旅游发达，形成了独特的工业旅游景点和完备的工业旅游线路。

欧洲工业遗产之路涵盖了欧洲32个国家的891个工业场所、76个具有较高价值的重要的工业遗产"锚点"、14个区域性工业遗产线路和10类欧洲工业遗产主题线路，展示了欧洲工业历史、共同的渊源、类型的多样性以及工业景观的细节。①

德国鲁尔区工业遗产保护是较为成功的案例，鲁尔区是德国重要的工业基地，留有大量的工业建筑遗产，在对其保护利用中采取了工业博物馆、工业遗址公园等多种模式，比较有名的有埃森煤矿博物馆、杜易兹堡景观公园等。

---

① 刘抚英 . 欧洲工业遗产之路初探 [J]. 华中建筑 ,2013(12):138-143.

英国工业建筑遗产与德国有所不同，它注重工业文化的传承，在南威尔士地区建有体现工业文化的博物馆，铁桥峡谷将各种工业遗产整合为一体，利用工厂建成专类博物馆，朗达遗产公园是展现煤矿文化为核心的遗产公园，这些工业建筑遗产的保护与发展都是体现了工业文化的独特魅力。

2. 美洲

1966 年美国颁布《国家历史保护法》，保护对象涵盖了工业遗产，是美国工业遗产保护的首部法律。1971 年，美国工业考古学会成立，是一个专门研究工业遗产的非营利性组织。美国联邦政府和州政府都有工业遗产保护的相关法律，一些民间组织也参与其中，如美国历史保护信托组织等。

美国的工业博物馆在全球数量上处于领先，美国工业博物馆分为传统工业博物馆和露天工业遗址博物馆。传统工业博物馆以展现科学技术知识为主，一般是利用工业建筑遗产原址进行改造，如巴尔的摩工业博物馆、波士顿科学博物馆等。露天工业遗址博物馆是将整体工业遗址与其周边环境一起保护利用，以露天形式展示厂房、生产设备、建筑等，如明尼阿波利斯工厂城市博物馆等。

洛厄尔国家历史公园是工业遗址博物馆的典型例子，它是以"美国工业革命发源地"为品牌，同时又以美国最早的纺织工业历史为特色。公园由不同的历史遗存构成，如圣安妮教堂、莫根文化中心、布特棉布厂博物馆、新英格兰被子博物馆、美国纺织历史博物馆等，因此也是美国最为成功的露天工业遗址博物馆。[1]

3. 亚洲

日本工业遗产保护工作取得显著成效，相继有岛根县石见银山、群马县富冈制丝场及近代绢丝产业遗迹群、明治产业革命遗址群三处工业遗产成功申报世界遗产。[2] 丰田产业技术纪念馆是在丰田早期工厂遗址上建立的，属于日本经济产业省认定的"近代化产业遗产"。纪念馆分为纺织机械馆和汽车馆两大部分，分别展示纺织工业文化和汽车工业文化。

北京 798 艺术区原为 798 电子厂原址，该厂由苏联和东德设计和建造，工业遗存主要有包豪斯建筑风格厂房、蒸汽机车、东德机械设备、仓库等，2001 年之后随着大批艺术家的进驻，逐渐形成文化艺术创意产业园区。

798 艺术区汇聚了文化和艺术机构，如画廊、艺术工作室、艺术展览空间、

---

① 吕建昌. 从绿野村庄到洛厄尔：美国的工业博物馆与工业遗产保护 [J]. 东南文化，2014(02)：117-122.

② 邹怡. 日本是如何保护和利用工业遗产的 [N]. 文汇报，2016-02-19.

动画、设计室、创意小店、服装店、餐馆和酒吧等，是目前国内乃至亚洲最大、最成熟的艺术社区。[①]

园内拥有数十家艺术机构，如北京德国文化中心—歌德学院（中国）、巴林文化中心、波斯文化艺术中心、UCCA 尤伦斯当代艺术中心、站台中国当代艺术机构、北京公社等。目前，798 艺术区已成为中国现当代文化艺术的风向标和文化名片。

（二）江苏工业建筑遗产保护与发展的原则

1. 整体保护原则

江苏省工业建筑遗产以整体保护为主，一是要保护其建筑整体格局的完整，厂房、设备等历史要素的完整性，从使用功能、建筑空间形态等方面进行保护。二是要将工业建筑遗产与周边环境作为一个整体，在做城市规划时纳入一体化规划，不去破坏其完整性，保持其形态、空间、格局等方面的整体性。

工业建筑遗产与城市肌理密不可分，与城市形成一个整体，促进城市的发展。因此在利用过程中要注重工业建筑整体保护，保持其建筑格局的稳定性和完整性。不仅要保护工业建筑个体，还要保护与工业建筑遗产相关的自然环境，让工业建筑遗产自然风貌、建筑布局与人文环境和谐统一。

2. 分级保护原则

江苏工业建筑遗产保护需要实施分级保护原则，对于一些价值重大的文保单位需要根据《文保法》规定进行重点保护，保护其建筑风貌的真实性，建筑格局的完整性，建筑形态的多样性，完整的保留其建筑原貌。在保护前提下进行开发利用，坚持"修旧如旧"的原则，开发模式以工业文化展览为主，尽量不破坏建筑本体。对于一些保存较为完好、价值较低的非文保单位的工业建筑遗产，要坚持保护性开发，不改变建筑结构和建筑风格，沿用原有的建筑空间布局，充分发挥其利用价值，以此满足现代社会的需求。可以结合现状进行功能性置换，将其改造成为商业街区、娱乐场所等。

3. 原真性原则

原真性原则是文物保护的必要准则，江苏工业建筑遗产的保护必须严格坚持这一原则。江苏工业建筑遗产是在一定时期形成的文化遗产，它具有唯一性，一旦遭到破坏就不会恢复原状。

---

① 谭乔西．"扎根理论"视角下的文化产业园游客感知评价研究——以北京 798 艺术区为例 [J]. 兰州大学学报（社会科学版），2018(3):70-81.

坚持原真性原则不是意味着保守的去保护工业建筑遗产，将其封存起来，而是要对其进行活态保护。保护过程中不要去随意改变工业建筑遗产的原真状态，对其建筑整体格局进行保护，在修缮时还要坚持用原汁原味的工艺和手法去修复，使用原有的建筑材料，坚持将工业建筑遗产原真性与城市发展相结合，尽可能将工业建筑遗产的真实面貌展现给世人，满足人们对工业建筑遗产的功能需求。

4. 新旧共生原则

新旧共生原则是工业建筑遗产开发利用过程中坚持的一个重要原则，缺乏保护性的开发利用，会给工业建筑遗产造成损害。在开发利用工业建筑遗产时，要坚持新旧建筑和谐相处，既要保留原有的建筑风貌，也要对其进行合理改造。

在开发利用工业建筑遗产时要注重与其周边环境相协调，对其改造时要考虑到工业建筑遗产的功能性，根据不同功能进行改造，对原有建筑要尽可能保留，新建的景观和整体建筑格局相一致，新建建筑能够和合共生。设计过程中要保留原有的建筑形态，延续原有的建筑格局，将新的建筑融入城市功能中，还原工业生活原貌。

（三）江苏工业建筑遗产保护与发展的模式

1. 工业博物馆

工业博物馆模式是利用工业建筑遗产改造而成的，它是以保护为首要前提，保持工业建筑遗产的整体建筑结构，只在内部进行简单的功能和布局调整，用实物展示工业遗存的价值，形成专门的工业文化主题博物馆。这种模式由于保存了原有的建筑风貌，真实体现了工业建筑遗产的历史厚重感，激发公众对工业建筑遗产保护的认同感。国内采用这种模式的比较多，有西安大华工业遗产博物馆、万山国家矿山公园博物馆等。

目前江苏工业建筑遗产中采用这种模式的有很多，如无锡的中国民族工商业博物馆、中国丝业博物馆、江南桑蚕博物馆，扬州的扬州工业博物馆，苏州的御窑金砖博物馆等。

这些主题博物馆运用室内图片展示和露天实物展览两种形式来展示工业建筑遗产的发展历程及成就，实现了工业建筑遗产保护与发展的和谐统一，不仅有效的保护了工业建筑遗产，还提升了城市形象、丰富了城市文化内涵。

2. 文化创意园

文化创意园是一种工业建筑遗产保护利用的新形式，它是对原有工业建筑遗存进行适当改造，引入新的业态，将科技、文化、艺术、影视、传媒、娱乐、时尚、商业等融入，形成多元文化创意的科技产业园，发挥工业建筑遗产的现代功能，实现文化旅游融合发展。目前江苏工业建筑遗产中采用这种模式的主要有：南京晨光 1865 创意产业园、常州运河五号创意产业园。

盐城大丰飞轮厂旧址位于市区繁华街道，占地面积大，拥有医院、学校、商店、球场、宿舍楼、居民楼等设施，可以依托旧址打造文化创意园，通过文化创意赋予其建筑新的活力，以工业文化为主题，引进文化艺术机构，开设文化艺术中心，举行文化艺术活动，形成独具特色的文化创意园。

3. 工业文化景观公园

工业文化景观公园一般适用于一些大型工业建筑遗产，利用废弃的工业建筑和厂房设备等设施，将其与城市发展相结合，保留其原有空间，融入文创元素，加入一些文体设施，将其改造成为开放式的景观公园。这种模式不仅可以促进工业建筑遗产的保护利用，还可以为城市社区提供文体活动场所，满足市民休闲娱乐的需要。目前江苏省工业建筑遗产中采用这种模式主要有民国首都电厂旧址公园、徐州钢铁厂旧址公园、徐州矿区工业遗址公园等。

丹阳钢铁厂旧址是典型的苏联建筑，红砖厂房，炼钢用的烟囱和炼钢高炉保存完好，目前丹阳依托老钢铁厂旧址，建设特色的工业遗址公园。在公园内引入文创元素，将厂房改造成为剧场，一些构筑物改造成为咖啡厅、酒吧之类，办公楼改造成为民宿和文创工作室。通过现代文创形式，展现工业建筑遗产的独特魅力。

4. 商业综合体

商业综合体一般都是选择具有便捷的交通条件、优越的区位空间的工业建筑遗产，将工业建筑遗产与商业相结合，把原有的工业建筑遗产改造成商场、购物中心、儿童游乐场、美食中心、休闲娱乐场所等，让游客在购物和休闲娱乐的时候体验到工业遗产旅游。

南京和记洋行旧址是亚洲第一冷库，厂房为钢筋混凝土建筑，目前被改造成为主题商业街区，引进国内外著名商业品牌，开设时尚餐饮、主题酒店、影剧院、婚恋主题街区、工业科技体验馆等，倾力打造集购物、休闲、娱乐于一体的工业文化主题商业街区。

无锡县商会旧址位于市中心繁华的商业中心区，主体建筑是两幢两层仿西式砖木结构大楼，建筑面积约 1 400 平方米。可以对其进行保护性利用，依托原有建筑进行适度开发，打造商业文化主题街区。

（四）江苏工业建筑遗产保护与发展现状

江苏工业建筑遗产保护工作始终走在前列，2006 年 6 月，首届中国工业遗产保护论坛在无锡召开，诞生了《无锡建议》，这是中国首部关于工业遗产保护的宪章性文件。2010 年 4 月，江苏省住建厅在南京召开工业遗产保护研讨会，重点研讨江苏工业遗产的保护与发展，使得江苏工业遗产保护上升到一个全新的高度。2020 年 12 月，江苏省工信厅在常州召开全省工业遗产保护利用现场推进会，会上发布了《江苏省工业遗产地图（2020 版）》。①

各地也纷纷开展了工业遗产保护与发展工作，并取得了较好的成效。2007 年，南京在金陵机器制造局旧址基础上建成南京晨光 1865 创意产业园。2011 年，南京第二机床厂搬迁至江宁区，原址改造为国家领军人才创业园。相继又将南京油泵油嘴厂、南京第二机床厂等一批重要的工业遗产改建为创意中央文化科技园、国家领军人才创业园等。2017 年 3 月，南京市政府公布了首批南京市工业遗产类历史建筑和历史风貌区保护名录。同年 8 月，《南京市工业遗产保护规划》编制完成。

无锡工业遗产保护和利用在省内处于领先地位，形成了文化创意产业园、主题博物馆、文化商业综合体等多种模式。2005 年无锡北仓门生活艺术中心对外开放，"北仓门模式"是江苏民营资本改造工业遗产，发展文化创意产业园的典型。其后又将茂新面粉厂、永泰丝厂、西漳蚕种场改造成为中国民族工商业博物馆、中国丝业博物馆、江南桑蚕博物馆。2018 年，坐落在庆丰纱厂红色建筑的 Color Park 庆丰文化艺术园区开园。

作为工业明星城，常州高度重视工业建筑遗产保护与发展。加强工业遗产法制保障，将一些价值重大的工业遗产纳入各级文保单位，将工业遗产纳入《常州市历史文化名城保护条例》保护目录，研究制定《常州市工业遗产保护办法》。将大运河沿岸工业遗产纳入大运河保护规划，实施联动开发，有效保护。制定工业遗产保护利用方案，打造多种保护利用模式。目前已经开发利用了常州恒源畅厂、大明纱厂、常州第二无线电厂等一批工业遗产，形成了运河五号文化创意街区、大明 1921 创意园、国光 1937 科技文化创意园等知名品牌，并在此基础上推出了一批精品工业旅游线路。

---

① 《江苏省工业遗产地图（2020 版）》发布. 中国经济新闻网 http://www.cet.com.cn/dfpd/jzz/js/js/2727422.shtml.

（五）江苏工业建筑遗产保护与发展存在的问题

1. 保护程度存在差异，缺少整体发展规划

各地在进行工业建筑遗产保护时不均衡，南京、无锡、常州、南通等市在工业建筑遗产保护方面已经取得了较为突出的成绩，这些城市的工业建筑遗产得到了较好的保护，很多成为各级文保单位，有的还入选了国家工业遗产、中国工业遗产保护名录。而一些县城的工业建筑遗产保护工作不尽如人意，为了城市建设，大量的工业建筑遗产被拆除，取而代之的是商业街区。

有的地方对于工业建筑遗产保护的重视程度也不够，没有意识到工业建筑遗产保护的重要性。如南通大生纱厂曾经出现占用厂房开设食品作坊、饭店、旅馆、店铺等现象，破坏了建筑整体风貌，影响到建筑本体安全。

全省工业建筑遗产保护程度存在地区差异，各个地区保护与发展不够均衡。一些地方没有把工业建筑遗产保护纳入城市总体发展规划，对于工业建筑遗产只是采取单个保护办法，没有针对全部工业建筑遗产进行全局性保护。

2. 创新发展动力不足，特色定位不够清晰

江苏省工业建筑遗产采用的保护形式多以工业博物馆为主，而且在实践过程中会出现开发利用功能单一，缺乏创新性。一些工业博物馆只是采用了传统的陈列展品的形式，没有采用现代媒介技术来展现工业生产的过程，公众无法通过文字和图片等媒介感受到真实的工业生产场景。

有的地区开发利用工业建筑遗产模式较为单一，开发过程中融入了大量的现代元素，失去了原有的特色。一些工业建筑遗产在改造过程中，破坏了原有的外观，取而代之的是现代化装潢外墙，使得工业建筑失去了原真性。

连云港创意 716 文化园区是在江苏省自动化研究所基础上建立的，它将部分厂房建筑拆除，改建成现代化建筑。但是没有将连云港本地文化融入，缺乏文化特色，只体现了军工企业文化，没有体现区分于其他地区工业建筑遗产的特性。这样一来，容易导致游客参与度低，只是简单的停留，严重影响工业建筑遗产旅游的高级化发展。

3. 遗产价值认定不同，亟需完善评估体系

江苏工业建筑遗产价值重大，分为遗产的本体价值和遗产的外部价值，需要对其进行资源评价，运用定性和定量相结合的评价方式来探究工业建筑遗产的价值，为后续保护利用工作打下基础。

江苏省工业建筑遗产价值评价工作涉及到历史价值、文化价值、科技价值、艺术价值、社会价值等各个方面，工业建筑遗产价值体系的构建对于其保护利用具有重要的意义。

目前江苏省工业建筑遗产价值评价体系不完整，缺乏科学评价体系，工业建筑遗产价值界定模糊，这样就直接影响到江苏工业建筑遗产保护利用工作的顺利进行，容易给工业建筑遗产保护利用造成盲目性。

4. 资源整合力度不够，尚未形成规模优势

江苏省工业建筑遗产种类齐全、资源丰富，各市都是围绕本地区工业遗产进行开发利用，但是工业建筑遗产资源整合力度不够，没有形成规模优势。各地都是独立开发利用工业建筑遗产，没有将其与其他资源整合，容易出现不同旅游资源之间的恶性竞争。

扬州市文化遗产众多，拥有瘦西湖、扬州园林、扬州城遗址等旅游资源，但是工业建筑遗产开发利用时并未和这些旅游资源进行整合，只是单个进行开发利用。扬州麦粉厂旧址改为扬州工业博物馆，现为古运河游客服务中心，并未和扬州其他资源进行联动开发，没有形成优势旅游的规模效应，无法发挥工业遗产的特色和价值。

（六）江苏工业建筑遗产保护与发展的对策

1. 科学统筹合理规划，建立遗产分级保护制度

江苏工业建筑遗产保护是一项长期和复杂的工作，需要科学统筹，合理规划，多方面力量协同发展，促进工业建筑遗产的保护工作的有效推进。

首先，要对全省工业建筑遗产进行普查，编制江苏省工业建筑遗产名单，根据价值内涵确定保护级别，将其纳入保护名录，为下一步保护利用提供参考。

其次，要编制江苏省工业建筑遗产保护利用专项规划，根据不同区域工业建筑遗产现状制定保护利用规划，将其与地区建筑风貌有机融合，让形态各异、分布区域散乱的工业建筑遗产与城市发展相协调。结合江苏省工业建筑遗产现状，对一些重点工业建筑遗产制定保护利用规划，以建筑风貌、空间布局、环境协调等方面为重点，融入可持续发展理念，建立起工业建筑遗产保护体系。

再次，要建立江苏省工业建筑遗产分级保护机制，根据工业建筑遗产价值和保护级别分为三级。对于一级工业建筑遗产需要重点加强保护，保持其原有的建筑风貌和结构布局，实施整体性和原真性保护原则。对于二级工业建筑遗产需要进行适度开发利用，在不破坏建筑本体的前提下进行改造，用途作为办公场所和文创空间。对于三级工业建筑遗产需要将其融入到现代生活，注重改造其建筑风貌，充分发挥其使用功能，让其与城市发展相辅相成。

最后，要建立健全工业建筑遗产保护法律法规，结合国际和国内相关法律制定系统的工业建筑遗产保护地方性法规体系，明确界定工业建筑遗产的保护范围，根据工业建筑遗产的级别采取不同的保护措施，加大对破坏工业建筑遗产的惩处力度，切实确保工业建筑遗产保护法规的有效实施。

2. 突出地方文化特色，形成多元保护发展格局

江苏省工业建筑遗产保护需要依托本地区丰富的文化底蕴，围绕工业建筑遗产的综合价值，突出地方文化特色，促进工业建筑遗产保护利用与各种产业融合发展，通过创新保护利用模式来促进工业建筑遗产与社会发展和谐共进。

根据江苏省工业建筑遗产现状，采用多样化、多元化保护利用，大力发展文化创意产业园、特色商业街区、研学科普基地等新兴业态，将其与地方文化有机结合，打造工业建筑遗产保护知名品牌。

根据不同工业建筑遗产价值实施不同的保护利用模式，价值重大的工业建筑遗产采用传统的工业博物馆模式，对于一些开放式的工业建筑遗产采用工业遗址景观公园模式，对于一些文化内涵丰富的工业建筑遗产采用文化创意街区模式，对于一些地处市区的工业建筑遗产采用商业综合体模式，实现保护利用模式多样化。

积极探索新型保护利用模式，大力发展工业文化休闲旅游，依托工业建筑遗产建设旅游景区，设计工业文化旅游线路，将工业博物馆、工业遗址公园、文化创意园区、商业中心等串联成一体，形成复合型工业文化旅游模式。

连云港位于东海之滨，工业建筑遗产丰富，可以借助于连云港海滨城市的沿海开放有利条件，通过一些工业建筑遗产改造项目，如将沿海码头的厂房改造成为文化创意产业园，修缮旧建筑，新建现代建筑，重构工业建筑遗产空间，将海洋文化融入到工业文化中，将其打造成为工业文化、海洋文化、历史文化相融合的特色工业旅游城市。

3. 完善有效评价标准，构建科学合理评估体系

工业建筑遗产属于稀缺性资源，价值重大，需要构建科学的工业建筑遗产价值评价体系，对其进行综合评估，为制定保护利用策略提供参考。通过构建价值评价体系，对其保护利用价值进行量化。江苏各市要根据实际情况，参照国际工业建筑遗产价值评估标准，制定本地区的工业建筑遗产价值评价体系。

工业建筑遗产价值评价体系应该遵循整体性、原真性、特色性等原则，明确工业建筑遗产的主体价值，评价指标应该包含工业建筑遗产历史价值、

文化价值、科技价值、社会价值、艺术价值、交通区位、环境条件等，将其与城市历史文化、社会发展、人文精神等完美融合，形成切合实际的工业建筑遗产价值评价体系。

在对江苏工业建筑遗产价值进行评价时，需要采取定性和定量相结合的评价方式，对工业建筑遗产的厂房、设备、办公设施等有形资源进行定量评价，通过专家打分来获悉其保护利用价值，确定其保护等级。

根据打分进行排序，确定具体的保护利用方式，让工业建筑遗产发挥最大价值。对于得分高的工业建筑遗产确立为近期重点保护利用对象，发挥其旅游资源优势，得分中等的工业建筑遗产确立为中期保护利用对象，对其进行进一步完善，得分低的工业建筑遗产确立为远期保护利用对象，予以重点关注，确保均衡发展。

4. 发挥资源整合优势，实现保护发展和谐共生

江苏工业建筑遗产需要整合资源优势，实行联动开发。江苏拥有众多旅游资源，如城池遗址、古典园林、革命遗址等，可以将工业建筑遗产与这些资源有机结合，将工业建筑遗产旅游融入到江苏省文化旅游体系中，实现各种资源优势互补，提高江苏地区文化遗产旅游开发的效率，带动地区旅游高质量发展。

根据不同地区的文化资源种类，精心谋划本地区工业建筑遗产的开发利用，将各个工业建筑遗产作为点，根据不同工业建筑遗产的特色，形成不同主题的工业遗产特色旅游线路。

大运河流经苏州、无锡、常州、镇江、扬州、淮安、宿迁、徐州8个城市，这些城市大运河沿岸分布着众多工业遗产，如无锡茂新面粉厂、北仓门蚕丝仓库等，常州第五纺织厂、大明纺织染公司等，可以将这些工业建筑遗产与大运河文化遗产串联起来，构建大运河工业遗产廊道。整合大运河沿线的各种文化遗产和旅游资源，以工业建筑遗产为核心，与大运河沿岸自然资源、生态资源、人文资源共同构成线性文化遗产，实现大运河工业建筑遗产保护和生态保护和谐发展。

第四章

江苏红色建筑遗产

江苏在第一次国内革命时期、抗日战争时期和解放战争时期占有重要的地位，无数次的重大革命历史事件、无数位革命先烈，共同谱写了一曲曲雄壮的革命赞歌，留下了大批弥足珍贵的红色建筑。

一、江苏红色建筑遗产概况

这些红色建筑见证了波澜壮阔的江苏革命历史，彰显了独具特色的江苏革命精神。其中既有周恩来、瞿秋白、张太雷等革命领导人故居，也有雨花烈士陵园、刘老庄八十二烈士陵园等，还有人民海军诞生地旧址、新四军重建军部旧址等军事机构旧址，还有中国共产党代表团办事处旧址、苏皖边区政府旧址等党政机构旧址。

（一）江苏红色建筑遗产分布情况

根据江苏省文化和旅游厅公布的《江苏省革命文物名录（第一批）》和中共江苏省委党史工作办公室编写的《江苏革命遗址通览》进行了统计。本书选取了江苏省283处红色建筑进行研究，从数量上看，南京11处，苏州18处，无锡11处，常州12处，镇江17处，扬州40处，泰州27处，南通23处，徐州19处，淮安29处，盐城58处，连云港6处，宿迁12处。从保护等级上看，全国重点文物保护单位11处，省级文保单位42处，市县级文保单位230处。

表 4-1　江苏红色建筑遗产一览表（部分）

序号	名称	文保级别	所在地区
1	中国共产党代表团办事处旧址	全国重点文保单位	南京市玄武区
2	八路军驻南京办事处旧址	全国重点文保单位	南京市鼓楼区
3	雨花台烈士陵园	全国重点文保单位	南京市雨花台区
4	淮安中共中央华中分局旧址	全国重点文保单位	淮安市楚州区
5	苏皖边区政府旧址	全国重点文保单位	淮安市清江浦区
6	黄花塘新四军军部旧址	全国重点文保单位	淮安市盱眙县
7	人民海军诞生地旧址	全国重点文保单位	泰州市高港区
8	黄桥战斗旧址	全国重点文保单位	泰州市泰兴市
9	新四军重建军部旧址	全国重点文保单位	盐城市亭湖区
10	新四军盐阜区抗亡阵亡将士纪念塔	全国重点文保单位	盐城市阜宁县
11	新四军江南指挥部旧址	全国重点文保单位	常州市溧阳市
12	横山县抗日民主政府旧址	省级文保单位	南京市江宁区
13	六合竹镇抗日民主政府旧址	省级文保单位	南京市六合区
14	淳溪老街—中共淳溪第三支部（东阳店支部）旧址	省级文保单位	南京市高淳区
15	新四军一支队司令部旧址	省级文保单位	南京市高淳区
16	渡江胜利纪念碑	省级文保单位	南京市鼓楼区
17	新四军六师师部旧址	省级文保单位	无锡市锡山区
18	宋巷新四军第一支队司令部旧址	省级文保单位	常州市溧阳市
19	张应春烈士墓	省级文保单位	苏州市吴江区
20	新四军江南指挥部旧址	省级文保单位	镇江市丹阳市
21	戴家花园—上海战役总前委旧址	省级文保单位	镇江市丹阳市
22	第三野战军司令部旧址	省级文保单位	镇江市丹阳市
23	新四军四县抗敌总会旧址	省级文保单位	镇江市丹徒区
24	苏南抗战胜利纪念碑	省级文保单位	镇江市句容市
25	苏北第一届（临时）参政会会址	省级文保单位	南通市海安县
26	苏北抗大九分校旧址	省级文保单位	南通市启东市
27	新四军"联抗"烈士陵园	省级文保单位	南通市海安县
28	高凤英烈士陵园	省级文保单位	南通市海安县
29	苏中七战七捷纪念馆	省级文保单位	南通市海安县
30	中共中央华中局第一次扩大会议旧址	省级文保单位	盐城市阜宁县
31	停翅港—新四军军部旧址	省级文保单位	盐城市阜宁县
32	八路军新四军白驹狮子口会师旧址	省级文保单位	盐城市大丰区
33	顾正红烈士故居	省级文保单位	盐城市滨海县
34	抗大五分校旧址	省级文保单位	盐城市亭湖区
35	华中鲁艺抗日殉难烈士陵园	省级文保单位	盐城市建湖县
36	苏中四分区抗日烈士纪念碑	省级文保单位	盐城市东台市

（续表）

序号	名称	文保级别	所在地区
37	郭村战斗指挥部旧址	省级文保单位	扬州市江都区
38	新四军挺进纵队二三支队司令部旧址	省级文保单位	扬州市江都区
39	新四军苏北指挥部旧址	省级文保单位	扬州市江都区
40	华中雪枫大学旧址	省级文保单位	扬州市高邮市
41	杨根思烈士祠墓	省级文保单位	泰州市泰兴市
42	新四军东进泰州谈判处旧址	省级文保单位	泰州市海陵区
43	中国人民解放军华东野战军前委指挥部和第三野战军成立旧址	省级文保单位	徐州市贾汪区
44	渡江战役总前委旧址	省级文保单位	徐州市铜山区
45	宿北大战前沿指挥所旧址	省级文保单位	徐州市新沂市
46	淮海战役纪念建筑群	省级文保单位	徐州市泉山区
47	淮海战役碾庄战斗革命烈士纪念碑	省级文保单位	徐州市邳州市
48	周恩来童年读书处旧址	省级文保单位	淮安市清江浦区
49	八十二烈士墓	省级文保单位	淮安市淮阴区
50	抗日山烈士陵园	省级文保单位	连云港市赣榆区
51	雪枫墓园	省级文保单位	宿迁市泗洪县
52	朱家岗烈士陵园	省级文保单位	宿迁市泗洪县
53	宿北大战烈士陵园	省级文保单位	宿迁市宿豫区
54	新四军一支队指挥部旧址	市县级文保单位	南京市江宁区
55	新四军办事处旧址（高淳区）	市县级文保单位	南京市高淳区
56	回峰山反顽战役阵亡将士纪念塔	市县级文保单位	南京市溧水区
57	二七农民革命军总司令部旧址	市县级文保单位	无锡市锡山区
58	马山革命烈士纪念碑	市县级文保单位	无锡市滨湖区
59	锡西地区烈士陵园	市县级文保单位	无锡市惠山区
60	中共宜溧县委、宜溧县抗日民主政府办公驻地	市县级文保单位	无锡市宜兴市
61	新四军一纵纪念地	市县级文保单位	无锡市宜兴市
62	李复墓	市县级文保单位	无锡市宜兴市
63	三洲实业中学旧址	市县级文保单位	无锡市宜兴市
64	渡江战役烈士墓	市县级文保单位	无锡市江阴市
65	吴焜烈士埋葬处纪念碑	市县级文保单位	无锡市江阴市
66	中共江阴县第一次党代会会址	市县级文保单位	无锡市江阴市
67	吴亚鲁革命活动旧址	市县级文保单位	徐州市鼓楼区
68	叶场围困战旧址	市县级文保单位	徐州市睢宁县
69	吕集烈士陵园	市县级文保单位	徐州市睢宁县
70	睢宁县烈士陵园（泗州战役烈士公墓）	市县级文保单位	徐州市睢宁县
71	张道平烈士墓	市县级文保单位	徐州市铜山区

序号	名称	文保级别	所在地区
72	马坡烈士陵园	市县级文保单位	徐州市铜山区
73	柳泉西堡烈士陵园	市县级文保单位	徐州市铜山区
74	李新庄烈士陵园	市县级文保单位	徐州市丰县
75	丰县烈士陵园	市县级文保单位	徐州市丰县
76	中共丰县县委旧址	市县级文保单位	徐州市丰县
77	鸳楼烈士陵园	市县级文保单位	徐州市沛县
78	解慕唐烈士陵园	市县级文保单位	徐州市邳州市
79	土山镇王家大院	市县级文保单位	徐州市邳州市
80	岱山乡才庄李超时烈士墓	市县级文保单位	徐州市邳州市
81	澄西抗日民主政府旧址	市县级文保单位	常州市天宁区
82	恽代英住地	市县级文保单位	常州市天宁区
83	北夏墅学校旧址	市县级文保单位	常州市天宁区
84	湖滨抗日中学旧址	市县级文保单位	常州市金坛区
85	潘家墩兵工厂旧址	市县级文保单位	常州市金坛区
86	中共苏皖区第一次代表大会会址	市县级文保单位	常州市金坛区
87	西山烈士陵园	市县级文保单位	常州市溧阳市
88	塘马战斗烈士陵园	市县级文保单位	常州市溧阳市
89	周城烈士陵园	市县级文保单位	常州市溧阳市
90	中共太滆地委新四军南杨桥交通站旧址	市县级文保单位	常州市武进区
91	群乐旅社旧址	市县级文保单位	苏州市吴江区
92	中共浙西路东特委和中共吴兴县委旧址	市县级文保单位	苏州市吴江区
93	吴县烈士墓	市县级文保单位	苏州市吴中区
94	中共苏州市县（工）委联络站—"江抗"办事处旧址	市县级文保单位	苏州市相城区
95	苏州烈士陵园	市县级文保单位	苏州市虎丘区
96	烈士陵园（张家港市）	市县级文保单位	苏州市张家港市
97	双山渡江战役纪念碑	市县级文保单位	苏州市张家港市
98	渡江战役登陆纪念处	市县级文保单位	苏州市张家港市
99	占文农暴旧址	市县级文保单位	苏州市张家港市
100	《大众报》创刊发行地	市县级文保单位	苏州市常熟市
101	江抗东路活动旧址	市县级文保单位	苏州市常熟市
102	常熟人民抗日自卫队成立旧址	市县级文保单位	苏州市常熟市
103	常熟革命烈士陵园	市县级文保单位	苏州市常熟市
104	中共常熟特别支部活动旧址	市县级文保单位	苏州市常熟市
105	中共常熟县代表大会会址	市县级文保单位	苏州市常熟市
106	古里十八抗日烈士墓	市县级文保单位	苏州市常熟市
107	昆山县委旧址	市县级文保单位	苏州市昆山市

（续表）

序号	名称	文保级别	所在地区
108	小海战斗烈士纪念碑	市县级文保单位	南通市崇川区
109	中共江北区特别委员会机关旧址及纪念碑	市县级文保单位	南通市通州区
110	通州区烈士陵园	市县级文保单位	南通市通州区
111	谢家渡战斗纪念碑	市县级文保单位	南通市通州区
112	启东县首届人民政府旧址	市县级文保单位	南通市启东市
113	如皋烈士陵园	市县级文保单位	南通市如皋市
114	吴庄烈士陵园	市县级文保单位	南通市如皋市
115	新四军烈士纪念碑	市县级文保单位	南通市如皋市
116	中国工农红军十四军成立遗址	市县级文保单位	南通市如皋市
117	华中野战军第一师师部遗址	市县级文保单位	南通市如皋市
118	如泰工农红军建军遗址	市县级文保单位	南通市如皋市
119	角斜红旗民兵团史绩陈列馆	市县级文保单位	南通市海安市
120	海安县烈士陵园	市县级文保单位	南通市海安市
121	海门中学上校旧址	市县级文保单位	南通市海门区
122	海门区烈士陵园	市县级文保单位	南通市海门区
123	耙齿凌战役烈士陵园	市县级文保单位	南通市如东县
124	如东县烈士陵园	市县级文保单位	南通市如东县
125	新四军一师三旅抗战指挥部	市县级文保单位	南通市如东县
126	灌云县委、县政府旧址	市县级文保单位	连云港市灌云县
127	灌云县烈士陵园	市县级文保单位	连云港市灌云县
128	磨山抗日烈士纪念塔	市县级文保单位	连云港市东海县
129	吕祥璧烈士陵园	市县级文保单位	连云港市东海县
130	民族英雄碑（赣榆区）	市县级文保单位	连云港市赣榆区
131	淮宝县办公旧址	市县级文保单位	淮安市洪泽区
132	李绍武烈士陵园	市县级文保单位	淮安市洪泽区
133	岔河镇烈士陵园	市县级文保单位	淮安市洪泽区
134	二十六烈士墓	市县级文保单位	淮安市洪泽区
135	淮海二中旧址	市县级文保单位	淮安市淮阴区
136	丁塘坊烈士墓	市县级文保单位	淮安市淮阴区
137	新安小学旧址	市县级文保单位	淮安市淮安区
138	新安旅行团纪念馆	市县级文保单位	淮安市淮安区
139	流均烈士纪念塔	市县级文保单位	淮安市淮安区
140	车桥战役烈士纪念塔	市县级文保单位	淮安市淮安区
141	大胡庄革命烈士纪念塔	市县级文保单位	淮安市淮安区
142	淮安革命烈士陵园	市县级文保单位	淮安市淮安区
143	高杨战役纪念碑	市县级文保单位	淮安市涟水县

（续表）

序号	名称	文保级别	所在地区
144	涟水战役烈士纪念碑	市县级文保单位	淮安市涟水县
145	涟水抗日第一枪纪念碑	市县级文保单位	淮安市涟水县
146	兄妹烈士墓	市县级文保单位	淮安市涟水县
147	涟水延安园	市县级文保单位	淮安市涟水县
148	王道明烈士碑亭	市县级文保单位	淮安市涟水县
149	张杰烈士陵园	市县级文保单位	淮安市涟水县
150	朱洪斌烈士陵园	市县级文保单位	淮安市涟水县
151	涟水抗日同盟会旧址	市县级文保单位	淮安市涟水县
152	高邮县抗日民主政府旧址	市县级文保单位	淮安市金湖县
153	农抗河战斗烈士公墓	市县级文保单位	淮安市金湖县
154	千棵柳新四军军部驻地旧址	市县级文保单位	淮安市盱眙县
155	前隍村新四军一支队司令部旧址	市县级文保单位	镇江市丹徒区
156	华东财经委员会旧址	市县级文保单位	镇江市丹阳市
157	中共丹阳第一个支部旧址	市县级文保单位	镇江市丹阳市
158	解放日报社旧址	市县级文保单位	镇江市丹阳市
159	黄竞西故居	市县级文保单位	镇江市丹阳市
160	夏霖故居	市县级文保单位	镇江市丹阳市
161	巫恒通旧居	市县级文保单位	镇江市丹阳市
162	新四军一支队司令部、政治部驻地	市县级文保单位	镇江市句容市
163	新四军修械所遗址	市县级文保单位	镇江市句容市
164	新四军医疗所遗址	市县级文保单位	镇江市句容市
165	"挺进""江抗"会师合编广场	市县级文保单位	镇江市扬中市
166	烈士纪念塔	市县级文保单位	镇江市京口区
167	杨庄革命烈士墓园	市县级文保单位	扬州市江都区
168	武坚革命烈士墓园	市县级文保单位	扬州市江都区
169	新四军挺进纵队后方医院旧址	市县级文保单位	扬州市江都区
170	许晓轩故居	市县级文保单位	扬州市江都区
171	扬州革命烈士陵园	市县级文保单位	扬州市邗江区
172	高邮烈士陵园	市县级文保单位	扬州市高邮市
173	孙子明烈士纪念碑	市县级文保单位	扬州市高邮市
174	张轩烈士纪念碑	市县级文保单位	扬州市高邮市
175	左卿、秦梅青纪念碑	市县级文保单位	扬州市高邮市
176	夏德华烈士纪念碑	市县级文保单位	扬州市高邮市
177	胡曾钰烈士纪念碑	市县级文保单位	扬州市高邮市
178	河口解放战争纪念碑	市县级文保单位	扬州市高邮市
179	毛伯勤烈士纪念碑	市县级文保单位	扬州市高邮市

（续表）

序号	名称	文保级别	所在地区
180	周山烈士纪念碑	市县级文保单位	扬州市高邮市
181	江都县文化界救亡协会旧址	市县级文保单位	扬州市广陵区
182	朱良钧烈士故居	市县级文保单位	扬州市广陵区
183	曹起溍故居	市县级文保单位	扬州市广陵区
184	苏中军区后方总医院旧址	市县级文保单位	扬州市宝应县
185	苏中银行旧址	市县级文保单位	扬州市宝应县
186	新四军江淮印钞厂旧址	市县级文保单位	扬州市宝应县
187	新四军苏中榴弹厂旧址	市县级文保单位	扬州市宝应县
188	新四军华中军械处第一总厂旧址	市县级文保单位	扬州市宝应县
189	华中造纸厂原址	市县级文保单位	扬州市宝应县
190	华中印钞厂总管处旧址	市县级文保单位	扬州市宝应县
191	江淮印钞厂旧址	市县级文保单位	扬州市宝应县
192	苏中区党委驻地旧址	市县级文保单位	扬州市宝应县
193	苏中党校故址	市县级文保单位	扬州市宝应县
194	盐淮宝边区办事处旧址	市县级文保单位	扬州市宝应县
195	中共苏中宝应县委县政府成立旧址	市县级文保单位	扬州市宝应县
196	《苏中报》报社旧址	市县级文保单位	扬州市宝应县
197	苏中公学旧址	市县级文保单位	扬州市宝应县
198	苏中军区暨新四军一师练兵场旧址	市县级文保单位	扬州市宝应县
199	刘家潭红色交通站旧址	市县级文保单位	扬州市宝应县
200	西安丰烈士陵园	市县级文保单位	扬州市宝应县
201	广洋湖镇烈士陵园	市县级文保单位	扬州市宝应县
202	宝应县烈士陵园	市县级文保单位	扬州市宝应县
203	新四军重建军部纪念塔	市县级文保单位	盐城市亭湖区
204	盐南战斗烈士陵园	市县级文保单位	盐城市亭湖区
205	新四军重建军部纪念碑	市县级文保单位	盐城市亭湖区
206	潘黄烈士陵园	市县级文保单位	盐城市盐都区
207	郭猛革命烈士纪念碑	市县级文保单位	盐城市盐都区
208	大冈革命烈士纪念碑	市县级文保单位	盐城市盐都区
209	北蒋革命烈士纪念碑	市县级文保单位	盐城市盐都区
210	大纵湖革命烈士纪念碑	市县级文保单位	盐城市盐都区
211	秦南抗日烈士纪念碑	市县级文保单位	盐城市盐都区
212	尚庄革命烈士纪念碑	市县级文保单位	盐城市盐都区
213	学富革命烈士纪念碑	市县级文保单位	盐城市盐都区
214	义丰革命烈士纪念碑	市县级文保单位	盐城市盐都区
215	楼王七烈士之墓	市县级文保单位	盐城市盐都区

（续表）

序号	名称	文保级别	所在地区
216	大丰烈士陵园	市县级文保单位	盐城市大丰区
217	李增援烈士墓	市县级文保单位	盐城市大丰区
218	粟裕指挥部旧址	市县级文保单位	盐城市大丰区
219	陈港镇烈士陵园	市县级文保单位	盐城市响水县
220	六套革命烈士纪念碑	市县级文保单位	盐城市响水县
221	响水县烈士陵园	市县级文保单位	盐城市响水县
222	骑兵烈士纪念碑	市县级文保单位	盐城市响水县
223	张爱萍将军指挥所	市县级文保单位	盐城市响水县
224	盐阜区联立第二中学旧址	市县级文保单位	盐城市滨海县
225	新四军第3师第8旅第24团陶河团部	市县级文保单位	盐城市滨海县
226	八滩王桥战斗纪念塔	市县级文保单位	盐城市滨海县
227	滨海县烈士陵园	市县级文保单位	盐城市滨海县
228	陈涛镇革命烈士墓	市县级文保单位	盐城市滨海县
229	陈涛烈士纪念碑	市县级文保单位	盐城市滨海县
230	天沟二十八烈士墓	市县级文保单位	盐城市滨海县
231	戴秉义烈士纪念碑	市县级文保单位	盐城市滨海县
232	新四军第三师师部旧址	市县级文保单位	盐城市阜宁县
233	阜宁烈士陵园	市县级文保单位	盐城市阜宁县
234	中共中央华中局旧址	市县级文保单位	盐城市阜宁县
235	益林战役纪念碑	市县级文保单位	盐城市阜宁县
236	陈集战斗纪念塔	市县级文保单位	盐城市阜宁县
237	阜宁铁军纪念馆	市县级文保单位	盐城市阜宁县
238	单家港战斗烈士公墓	市县级文保单位	盐城市阜宁县
239	郭墅烈士陵园	市县级文保单位	盐城市阜宁县
240	益林战役纪念馆	市县级文保单位	盐城市阜宁县
241	苏北文化工作团团史陈列室	市县级文保单位	盐城市阜宁县
242	北沙人民抗日纪念碑	市县级文保单位	盐城市阜宁县
243	三灶烈士陵园	市县级文保单位	盐城市阜宁县
244	沟墩十八烈士墓	市县级文保单位	盐城市阜宁县
245	德华医院旧址	市县级文保单位	盐城市阜宁县
246	中共建阳县委、县政府成立地旧址	市县级文保单位	盐城市建湖县
247	新四军苏中二分区《人民报》印刷所旧址	市县级文保单位	盐城市建湖县
248	陆庄革命烈士纪念塔	市县级文保单位	盐城市建湖县
249	建湖县烈士陵园	市县级文保单位	盐城市建湖县
250	新四军军部旧址	市县级文保单位	盐城市建湖县
251	新四军枪械所旧址	市县级文保单位	盐城市东台市

（续表）

序号	名称	文保级别	所在地区
252	中共泰州地下县委活动旧址	市县级文保单位	泰州市海陵区
253	革命烈士碑亭	市县级文保单位	泰州市海陵区
254	泰州市革命烈士陵园	市县级文保单位	泰州市海陵区
255	苏中七战首战七纵指挥部驻地纪念碑	市县级文保单位	泰州市姜堰区
256	马沟阻击战纪念碑	市县级文保单位	泰州市姜堰区
257	孔庄阻击战纪念碑	市县级文保单位	泰州市姜堰区
258	徐克强烈士墓园	市县级文保单位	泰州市姜堰区
259	中共兴化县委成立旧址	市县级文保单位	泰州市兴化市
260	兴化县政府旧址	市县级文保单位	泰州市兴化市
261	沙沟市政府旧址	市县级文保单位	泰州市兴化市
262	革命烈士纪念馆	市县级文保单位	泰州市兴化市
263	沈云楼故居	市县级文保单位	泰州市兴化市
264	兴化抗日阵亡将士纪念塔	市县级文保单位	泰州市兴化市
265	华中二分区革命烈士纪念塔	市县级文保单位	泰州市兴化市
266	靖江革命烈士陵园	市县级文保单位	泰州市靖江市
267	夹港战斗纪念碑	市县级文保单位	泰州市靖江市
268	中共江浙区泰兴独立支部纪念馆	市县级文保单位	泰州市泰兴市
269	朱履先中将府	市县级文保单位	泰州市泰兴市
270	烈士堂	市县级文保单位	泰州市泰兴市
271	杨村庙烈士堂	市县级文保单位	泰州市泰兴市
272	黄桥战役苏北指挥部旧址纪念碑亭	市县级文保单位	泰州市泰兴市
273	新四军黄桥战役革命烈士纪念塔	市县级文保单位	泰州市泰兴市
274	萧人夫烈士陵园	市县级文保单位	泰州市泰兴市
275	宿北大战烈士纪念塔	市县级文保单位	宿迁市宿城区
276	要道烈士陵园	市县级文保单位	宿迁市宿城区
277	徐圩烈士陵园	市县级文保单位	宿迁市宿城区
278	罗圩烈士陵园	市县级文保单位	宿迁市宿城区
279	吴圩烈士陵园	市县级文保单位	宿迁市宿豫区
280	新河革命烈士纪念碑	市县级文保单位	宿迁市沭阳县
281	潼阳县政府旧址	市县级文保单位	宿迁市沭阳县
282	七英雄烈士墓	市县级文保单位	宿迁市沭阳县
283	洪泽湖斗争烈士墓园	市县级文保单位	宿迁市泗阳县

　　根据江苏红色建筑遗产属性将其分为党政机关建筑、军事机构建筑、革命人士故居、文化教育建筑、纪念场馆建筑、陵墓碑塔建筑、后勤保障建筑等七大类。

1. 党政机构建筑

党政机构建筑主要指的是曾经作为中国共产党各级党委和政府领导机构的建筑，这些建筑见证了中国共产党领导人民进行新民主主义革命、抗日战争和解放战争的全过程，具有重要的历史价值。

中国共产党代表团办事处旧址包括梅园新村 17 号、30 号、35 号，现为全国重点文物保护单位、全国红色旅游经典景区。由中共代表团办事处旧址、国共南京谈判史料陈列馆、周恩来铜像、周恩来图书馆等组成。（图 4-1）

1946 年 5 月至 1947 年 3 月，以周恩来为首的中国共产党代表团，在这里同国民党政府进行了 10 个月零 4 天的谈判。

图 4-1　中共代表团办事处旧址

中共中央华中分局旧址，位于江苏省淮安市淮安区东长街南首，楚州中学校园内，现存的华中分局旧址有东楼、中楼、后楼和大礼堂。1945 年 10 月 25 日，中共中央华中分局、华中军区在淮安成立。（图 4-2）

苏皖边区政府旧址，位于淮安市淮海南路 30 号，现为全国重点文物保护单位，国家 AAA 级旅游景区。苏皖边区政府于 1945 年 11 月成立，它是中国共产党领导的苏中、苏北、淮南、淮北四大解放区人民民主联合政府。

图 4-2　中共中央华中分局旧址

2. 军事机构建筑

军事机构建筑指的是作为中国共产党领导的人民军队指挥机关的驻地，如指挥部、司令部等。

新四军江南指挥部旧址，位于常州市溧阳市水西村，现为全国重点文物保护单位。1939 年秋，陈毅率第一支队司令部进驻水西村。1939 年 11 月，新四军江南指挥部在水西村成立。他们在此创建、巩固和发展了以水西村为指挥中心的苏南抗日根据地，奠定了华中抗日根据地的基础。（图 4-3）

图 4-3　新四军江南指挥部司令部旧址

人民海军诞生地位于泰州市白马镇白马庙村，现为全国重点文物保护单位。1949 年 4 月 5 日，粟裕、张震等率三野渡江战役指挥部进驻于白马庙，

指挥东线兵团渡江战役，解放南京。1949年4月23日，张爱萍将军在白马楼里宣布了人民海军成立。（图4-4）

图4-4　人民海军诞生地旧址

黄花塘新四军军部旧址位于淮安市盱眙县黄花塘镇黄花塘村，现为全国重点文物保护单位。1943年1月10日，新四军军部和中共中央华中局移驻黄花塘，至1945年9月，在这里驻留了两年零八个月，是新四军军部在一个驻地驻留时间最长的地方。（图4-5）

图4-5　黄花塘新四军军部旧址

3. 革命人士故居

革命人士故居主要是革命人士出生地或者战斗、生活居住地，这些故居见证着革命人士的奋斗历程。

顾正红烈士故居，位于江苏省盐城市滨海县正红镇正红村，故居为一座普通农舍，三间坐北朝南泥墙草屋，木质门窗，现为省级文保单位。

顾正红烈士，盐城滨海人，中国工人运动先驱，在震惊中外的"五卅"反帝运动中，加入了中国共产党。在与日商资本家英勇斗争中，壮烈牺牲。

4. 文化教育建筑

文化教育建筑指的是用作教育和文化等方面的建筑，如学校、报社等。

华中雪枫大学旧址，位于扬州市高邮市界首镇，现为省级文物保护单位。华中雪枫大学以彭雪枫烈士的名字命名，成立于 1946 年 4 月，是解放战争时期中共一所军事化高等学校。

苏北抗大九分校旧址位于江苏省南通市启东市海复镇东南中学内，现为省级文物保护单位。1942 年 5 月，新四军一师根据华中局的决定，将抗大苏中大队正式改为中国人民抗日军政大学第九分校，粟裕担任校长。（图 4-6）

图 4-6　苏北抗大九分校旧址

5. 纪念场馆建筑

纪念场馆建筑指的是用做纪念革命烈士或革命斗争史实的场所。

中共江浙区泰兴独立支部纪念馆，位于泰兴市古溪镇刁网村，全馆为仿古宫殿式式园林建筑。（图 4-7）

6. 陵墓碑塔建筑

陵墓碑塔建筑指的是烈士陵园、烈士墓、纪念碑、纪念塔等纪念性设施。

雨花台烈士陵园位于雨花台区东北部，现为全国重点文物保护单位。主要建筑有烈士就义群雕、烈士纪念碑、倒影池、纪念桥、纪念馆、忠魂亭等。（图 4-8）

1927 年至 1949 年间，国民党反动派在此杀害了成千上万的共产党人和各界爱国人士。为了缅怀先烈，1950年在此修建了烈士陵园。

图4-7　中共江浙区泰兴独立支部纪念馆

图4-8　雨花台烈士纪念碑

新四军盐阜区抗日阵亡将士纪念塔位于盐城市阜宁县芦蒲镇芦蒲村，现为全国重点文物保护单位。纪念塔建于1943年，是盐城市历史最悠久的抗日烈士纪念碑。（图4-9）

7. 后勤保障建筑

后勤保障建筑主要指的是医院、兵工厂、造纸厂、印钞厂等。

新四军枪械所旧址位于盐城市东台市三仓镇万行村五组，1943年，直属新四军军工部领导的军工厂迁建到此，占地300平方米，主房三间，坐北朝南，现为市县级文保单位。

图4-9 新四军盐阜区抗日阵亡将士纪念塔

（二）江苏红色建筑遗产的价值

1.历史价值

江苏红色建筑遗产是在一定历史时期形成的，承载着革命精神，一定程度上反映了革命人士的奋斗过程，蕴含着丰富的历史信息，是革命斗争史的真实见证，具有重要的历史价值。这些红色建筑蕴含着伟大的革命精神，体现着革命先辈坚贞不屈的革命斗志和革命人士的优秀传统，这些革命先辈在中华优秀传统文化的影响下，走上了革命的道路，为了国家独立和民族解放事业而奋斗终生。

2.文化价值

红色建筑是革命战争年代的产物，蕴含着革命精神，核心内涵是革命人士为中华民族谋复兴、为人民谋幸福的初心和使命。它是马克思主义中国化的产物，是先进理论成果的结晶，代表着先进文化，是用来加强民众文化自信的理论渊源。红色建筑是一部中国共产党带领全国人民谋求民族解放、人民幸福的斗争史，是坚定民众文化自信的力量之源。

3.社会价值

红色建筑遗产是对当时社会真实的反映，具有重要的社会价值，蕴含着新时代社会价值，对于构建社会主义核心价值体系具有重要的作用。红色建筑体现了共产党人在寻求国家富强和民族解放的过程中形成的坚定信念的斗争精神，他们不畏艰险，与敌人做顽强斗争，体现了革命理想大于天的斗争精神。

4. 教育价值

红色建筑遗产是无数革命先烈抛头颅、洒热血的见证，他们承载着革命先辈坚定的理想信念，蕴含着丰富的伟大革命精神，体现着共产党员坚贞不屈的爱国情怀和斗争意志，这些共产党员为了国家独立和民族解放事业而奋斗终生。红色建筑就是红色革命精神的承载者，很多都是爱国主义教育基地、未成年人教育基地、党员党性教育基地、青少年道德教育实践基地等，成为学校和单位加强党员干部、青少年学生革命传统教育的重要基地。

5. 艺术价值

江苏红色建筑遗产中很多都是传统建筑和传统民居，体现鲜明地域特色的建筑艺术，吸收了中国古典美术和绘画艺术的精髓，因此形成了丰富多彩的建筑艺术形象。大多红色建筑采用了木结构的建筑结构，结构上形成了传统民居的建筑特色。

一些红色建筑的选址多是传统民居或者祠堂，建筑构造多是以木结构为主，装饰艺术风格独特，具有典型的苏派建筑特色。红色建筑的雕刻艺术体现了传统民居的精湛艺术，对于研究中国传统建筑具有重要的艺术价值，可以体现一定的建筑艺术价值。

二、江苏红色建筑遗产保护与发展

（一）保护与发展的成功模式

1. 延安革命旧址

延安革命旧址主要有凤凰山麓革命旧址、杨家岭革命旧址、枣园革命旧址、王家坪革命旧址、陕甘宁边区政府旧址、中共中央党校延安旧址等。[1]1961年，延安革命遗址被列入全国重点文物保护单位，2016年入选首批中国20世纪建筑遗产名录。

延安革命旧址得到了政府部门的高度重视，制定了一系列政策来加强保护。2018年《延安革命旧址群保护利用规划》公布，2020年《陕西省延安革命旧址保护条例》颁布。专门成立了延安革命纪念地管理局，对革命旧址进行保护和利用，大批的革命旧址成为各级爱国主义教育基地和党员教育基地。延安通过整合宝塔山、黄帝陵等人文资源，利用红色建筑遗产开展了红色旅

---

[1] 延安市全国重点文物保护单位 [EB/OL]. 延安革命纪念地管理局 http://jnd.yanan.gov.cn/wwzy/zljl/31114.htm.

游，打响了延安红色文化品牌。

延安利用红色建筑遗产与历史文化资源结合，目前已开发的枣园旧址、杨家岭旧址及王家坪旧址等红色旅游景区，"延安精神、革命圣地"已经成为享誉国内外的红色文化旅游品牌。

2. 井冈山革命旧址

井冈山革命旧址主要集中在茨坪、茅坪、大小五井及五大哨口等地，主要有茨坪革命旧址群、茅坪革命旧址群、砻市会师遗址群、黄洋界遗址群。井冈山迄今保存完好的革命旧址遗迹100多处，其中26处被列为全国重点文物保护单位。[①]2017年12月，井冈山革命遗址入选第二批中国20世纪建筑遗产名录。

当地政府制定了井冈山革命遗址保护总体规划，将近百处革命旧址列入保护范围，对一些重要的革命旧址进行了修缮保护，根据各个旧址的不同特点开设专题展览。依托井冈山革命旧址建设井冈山革命博物馆，负责井冈山革命旧址的保护修缮工作，采用了现代媒体技术对革命文物进行陈列展示。

井冈山将当地的丰富的自然资源与红色建筑遗产相结合，打造出具有鲜明特色的井冈山红色文化旅游品牌，推出一批精品红色旅游线路，井冈山的历史地位以及秀丽的自然资源共同构成了红色文化旅游的成功典范。

3. 瑞金中央苏区旧址

瑞金是中央苏区，是中华苏维埃共和国的政治中心。老一辈无产阶级革命家在这里从事革命工作，留下了大批革命旧址。瑞金市利用红色建筑建立了革命纪念馆，将不同类型的革命旧址规划设计在一起，形成一个完整的整体，通过设计一个主题，布置一些陈列展览，突出革命旧址的教育功能。对一些革命旧址进行精准设计，采用最新的3D技术，展示真实的历史场景，形成一个独特的历史空间，还原真实的历史事件原貌。

瑞金革命旧址具有典型的民居建筑特征，结合这些地域文化，因地制宜，将其与客家文化融合在一起，围绕红色建筑建设红色特色村镇，将其与历史文化遗存相结合，形成红色建筑集聚区。一些红色建筑被改造为公共文化设施，如将革命旧址改造为社区文化中心和老年活动室等。

（二）江苏红色建筑遗产保护与发展的原则

1. 保护优先

江苏红色建筑遗产具有不可再生性，是一笔珍贵的财富，是在长期历史

---

① 井冈山简介 [EB/OL]. 井冈山旅游网 http://www.jgstour.com/jingqujieshao/20150331104412192.html.

发展过程中形成的文化遗产，如果遭到破坏，就会损失殆尽。一是需要我们保持它的历史真实性。他们蕴含中国共产党人不屈不挠、不怕牺牲的抗争精神，这些革命历史事件是不容许任意创造的，更不能篡改历史史实。二是保护所处的自然环境。保护其所处的自然环境，保持其乡土性，加强对江苏红色建筑遗产周边环境和文化氛围的保护。

2. 合理利用

科学合理规划，制定规划时把红色建筑遗产保护利用与地方旅游规划有机结合，根据现状进行合理利用，避免过度开发利用给其带来的毁灭性危害。要把当地自然资源与历史文化资源、红色文化资源有机结合，开展红色旅游。注重与其他地区红色资源的整合利用，充分发挥地区间红色资源优势，联合开发利用红色建筑，形成多层次、多角度的红色旅游资源产品组合，增强红色建筑的吸引力。

3. 可持续发展

江苏红色建筑遗产具有不可再生性，一旦遭到破坏就无法恢复，因此在对其进行开发利用时，要遵循可持续发展的原则，保证红色建筑能够长期保存利用。开发利用与生态环境保护是相辅相成的，开发利用过程中要尽力不要破坏所处的自然环境，重视红色建筑遗产开发对自然环境和生态环境的有效保护，做到红色建筑遗产保护利用的可持续发展。

4. 彰显特色

红色建筑遗产在性质上有一定的共性，都是在特定环境下产生和发展起来的。江苏红色建筑遗产类型丰富，种类齐全，既具有国内红色文化遗产的共性，又具有不同于其他地方红色文化遗产的个性。在对江苏红色建筑遗产开发利用时要彰显自己的特色，开发极具地方特色的红色文化旅游线路，形成江苏独有的红色文化品牌。

（三）江苏红色建筑遗产保护与发展的模式

根据国内外保护与发展的成功经验，大致可以分为休闲红色旅游度假区、生态农业红色文旅区、红色文化体验园、红色文化主题公园、红色文化创意集聚区等。

1. 休闲红色旅游度假区

休闲旅游度假区一般是借助于当地优美的自然环境和景观，融合丰富的地域文化底蕴和历史人文资源等建立的具有休闲度假、旅游观光、保健养生、文化娱乐于一体的综合性的旅游度假区。

南京六合区竹镇拥有六合竹镇抗日民主政府旧址、新四军江北第一农村党支部旧址等红色建筑，竹镇自然资源优良，山川河流分布广泛，森林覆盖率高，生态资源极佳，水资源尤为丰富，拥有向阳河、西陵河、大泉水库、三星水库等，特别适合休闲度假。借助于得天独厚的自然景观、农田景观、森林资源，融合当地的历史文化古迹和古建筑等人文景观，将红色文化资源融入其中成为一个整体，打造具有地域文化特色的，集合多种功能于一体的休闲红色旅游度假区。

2. 生态农业红色文旅区

　　生态农业文旅区是采用现代农业布局和农业生产，将自然农田风光、农业生产活动、农业高科技手段、生态环境保护、休闲娱乐等融为一体的综合性游览区。

　　仪征市月塘镇是革命老区，是新四军北上后仪征县首届抗日民主政府所在地，拥有新四军月塘地下交通站、仪征市烈士陵园等红色建筑，月塘镇自然风光优美，建有绿色农产品生产基地和有机果蔬产业园。结合月塘镇自然风光，融合当地的农林文化资源，整合农耕文化资源、果蔬资源、观光农业等，在生态农业中融入红色文化元素，规划建设生态农业文旅区，建设红色教育基地，设置生态农产品采摘区，将地方民俗文化融入其中，建设民俗文化园，形成具有红色文化特色的生态农业文旅区。

3. 红色文化体验园

　　红色文化体验园是以红色文化资源为依托，让游客亲身体验景区项目，感受战争年代的真实氛围，让游客从体验项目中受到革命传统教育。

　　茅山是新四军苏南抗日根据地，拥有新四军纪念馆、新四军医疗所、新四军军械所等多处红色建筑。茅山地理位置特殊，自然环境优越，人文底蕴丰富，可以整合各种红色文化资源，建设红色文化体验园，将 3D 和 AR、VR 等视觉技术引入到体验项目中，开辟战争体验区，构建具有真实体验感的战场，配置各种虚拟武器和装备，利用现代媒体技术设置模拟战场氛围，让观众在其中体验到战斗的艰辛，感受到战争年代的残酷性。

4. 红色文化主题公园

　　红色文化主题公园是利用一些价值重大、知名度高的红色文化遗址，建设一些红色文化游览区，开展公民爱国主义教育的主题公园。

　　扬州市郭村镇是江都革命发祥地，新四军北上抗日在此成立指挥部，留有新四军苏北指挥部旧址、新四军挺进纵队驻郭村旧址、郭村保卫战革命烈士陵园等多处红色建筑。可以规划建设红色文化主题公园，将红色文化主题公园分为军事文化博览区、革命精神展示区等，同时将一些革命领导人的塑像伫立其中，辅之以革命领导人的英雄事迹作为补充，将其打造成为具有传承红色文化、弘扬革命精神的开放性红色文化主题公园。

5. 红色文化创意产业集聚区

红色文化创意产业集聚区是利用当地红色文化资源，开发红色影视剧作品、红色动漫游戏、红色演艺娱乐等文化创意产业的文化产业园区。

无锡太华山自然环境优美，区位条件优越，拥有丰富的红色文化资源，如新四军十六旅旅部、枪械所等多处红色遗存，另建有太华山新四军和苏南抗日根据地纪念馆。可以把现代数字媒体技术引入到红色文化创意开发中，加强与国内外文化创意企业紧密合作，围绕红色影视剧制作、红色动漫游戏、红色演艺娱乐节目等核心内容，开发一系列红色文化创意产业，将其打造成国内外知名的红色文化创意产业集聚区。

（四）江苏红色建筑遗产保护与发展现状

江苏省红色建筑遗产得到了有效的保护与发展，各级政府先后依托红色建筑建成了纪念馆、革命博物馆等一批革命标志性建筑，并对一些成为各级文保单位的红色建筑进行了修缮，使一部分处于濒临毁坏的红色建筑得到了有效保护。

江苏红色建筑遗产是江苏革命先烈在革命战争年代最真实直观的历史见证，是开展各种纪念活动的重要场所和依托，是进行国民警示和爱国主义教育的重要物质载体。江苏红色建筑遗产除了作为爱国主义教育基地外，有的还是未成年人教育基地、党员党性教育基地、青少年道德教育实践基地、国防教育基地，成为学校、机关、企事业单位加强党员干部、青少年学生革命传统教育的重要基地。

各级政府注重利用红色建筑遗产开发旅游资源，打造红色文化品牌，形成了一批知名度高的红色旅游经典景区。依托红色建筑遗产而建设的 A 级以上旅游景点有数十个，其中一部分红色旅游景区进入全国红色旅游经典景区名录，如茅山新四军纪念馆、新四军黄桥战役纪念馆、沙家浜革命历史纪念馆、新四军江南指挥部纪念馆、禹王山抗日阻击战遗址纪念园、黄花塘新四军军部等红色建筑。

（五）江苏红色建筑遗产保护与发展存在的问题

1. 保护意识有待增强，缺少长效保护利用机制

查找相关法律资料，如各市颁布的历史文化名城保护条例、名镇名村保护办法等相关历史文化保护方面的法律法规，发现很少有专门针对红色建筑保护制定相应的法律法规。

由于民众对红色文化认识不够，文物保护意识不强，对红色建筑遗产及其相关的重大事件、历史人物所知甚少，对红色建筑遗产价值认识不足，对红色建筑遗产的概念停留在原始阶段。

随着城镇化建设和新农村建设的不断推进，给红色建筑保护带来了一系列严峻问题。有的红色建筑建成时间久远，由于长期无人居住，管理不善，导致房屋年久失修，处于自然损毁状态。

2. 管理体制不够顺畅，所有权归属不一致

管理体制不顺，权属不一。大部分红色建筑属于乡镇、街道办、村委会管理，还有有的是私人产权，属于个人所有的住宅。有的原来利用学校进行开展革命工作的，现在属于学校的房产。

主管部门过于分散，缺少自上而下统一的管理部门，因此无法对这些红色建筑进行统一管理和利用。由于红色建筑产权归属不一，造成保护与发展工作开展困难。一些红色建筑虽然政府部门拥有产权，但是并没有很好对其加以保护和利用，导致这些红色建筑被用做其他用途。

3. 利用方式较为陈旧，缺少现代媒介技术

一些依托红色建筑建设的红色旅游景区位于环境优美的旅游风景区，由于其知名度高、价值重大，前来参观的游客络绎不绝，这类红色建筑得到了有效的保护与发展。

有的红色建筑尽管与旅游进行共同开发，但是开发内容过于单一，主要以建设一些纪念场馆展示相关图片文献资料为主，红色文化产品开发形式比较单一、陈旧，缺乏深入的开发，未借助于现代信息手段展示壮观的革命场景。所以无法吸引游客眼球，尽管有的地区旅游部门设置了一定的关联旅游线路，但是仍然收效甚微。

4. 内涵挖掘阐释不足，尚未形成品牌效应

很多红色建筑只停留在陈列展示等工作阶段，没有深入挖掘红色建筑背后的故事，没有把红色建筑所蕴含的深层次内涵挖掘和阐释出来，没有较好的与当地自然资源和人文资源结合，开发具有地方特色的红色旅游产品，因此容易导致民众不能深入的理解革命先辈的精神内涵。

红色建筑的个性化内涵挖掘不够，没有和地方的文化资源紧密融合，没有转化为产业优势，缺少一些符合大众化需求的红色文创产品，因此难以形成红色文化创意产业的规模化发展。

（六）江苏红色建筑遗产保护与发展的对策

1. 建立健全保护机制，明确相关部门管理职责

建立健全保护机制，对红色建筑保护的地位作用、管理权属、组织领导、工作机制、保护标准等通过法律作出明确规定，把红色建筑的保护利用进一步纳入到法制和科学化的管理轨道。将江苏红色建筑列入到法律保护范围，加强红色建筑的有效保护，安排专人进行统一管理。

建议将各地区的红色建筑管理权收归各地党史办（史志办），各地管理部门根据工作职责，对本地区红色建筑进行详细的摸底，建立江苏省红色建筑遗产数据库，安排专人进行管理，对于一些私人产权的红色建筑要明确管理职责，要派人定期检查红色建筑的完整度，划拨专款给予修缮管理，并给予技术指导。同时还要对一些破坏红色建筑的行为给予严厉处罚，严禁私自改造或拆除红色建筑，所有的红色建筑修缮维护需经当地管理部门审批之后方可进行。

2. 提高保护重视程度，科学统筹合理规划布局

对于红色建筑要加强重视力度，认识到红色建筑是中国共产党带领全国人民革命的历史见证，是重要的资源，要把红色建筑开发工作提升到当地经济文化发展的高度。对于一些红色建筑要加强重点保护，加大资金投入，用以修缮维护和提升改造。除了争取政府专项保护资金之外，还要积极拓展融资渠道，积极引进外资，吸引民间资本参与到红色建筑的保护与开发中。

相关部门需要对当地的红色建筑进行全面的普查，整理相关资料，对一些现状较好的红色建筑及时列入到文保单位，建立红色建筑开发管理机制，安排专人进行管理。制定全面开发利用的科学规划，加强红色建筑价值评估和鉴定，对不同级别、不同价值的红色建筑采用分级保护管理。对于高级别的将其管理权集中到政府手里，尤其是一些现存历史价值高、保存较完好的要尽可能收回国有，重点加强保护和利用。对于低级别的红色建筑，可以下放权力，采用灵活的管理方式，吸收民间资本参与保护与管理工作。

3. 开发红色文创产品，探索保护发展创新模式

积极开发红色文创产品，将红色建筑与文化创意产业相融合，以文化创意产品带动红色建筑保护与开发利用。加强红色建筑产业化开发，通过一系列文化创意产品的开发，形成红色文化产业链。围绕红色建筑设计独特风格的文化创意产品，构建多元化的红色文化产品体系。开发具有时尚性、前沿性的文创产品，如手机 APP 红色游戏，植入战争场景，通过动态情景设计，还原真实环境，设置相关游戏程序，提升红色文化创意产品的趣味性。

大力创新保护发展模式，一方面将原有的陈列资源进行动态展示，拍摄一些相关的视频定期在视频上播放，让观众能够获得影像感知。另一方面利用 AR 和 VR 虚拟现实技术，打造网上红色文化宣传阵地，运用高科技媒体手段宣传红色文化，注重游客的体验感，开发体验性旅游产品。运用微电影、网络剧等新媒体手段，创作红色动漫，用喜闻乐见的形式展现红色文化。

4. 深入挖掘文化内涵，实施红色文化品牌战略

将红色建筑与当地的自然资源和历史文化资源相整合，形成多层次的资源产品，实现资源优势共享。将各种资源联动开发，形成独特的旅游产品。将乡村自然资源、历史文化资源、红色文化资源整合，对一些自然风光秀丽、历史文化遗存丰富、红色文化资源分布广的区域进行整合开发，充分挖掘各种资源的文化特色，丰富文化内涵，加快发展现代化生态农业和美丽乡村建设。

根据红色建筑与周边资源的契合度，加强区域内资源整合，采用多种资源整合方式，如红色资源与历史人文资源，红色资源与自然景观资源等，进行区域联动发展，扩大红色旅游影响力，增强红色旅游竞争力，形成区域红色文化品牌。

根据不同地区红色建筑的特点，打造知名红色旅游景区。优化红色旅游资源的地域结构，将各自区域内的自然资源、民俗文化资源、历史文化资源与红色文化资源相结合，共同开发红色旅游产品、红色旅游线路，实现资源共享、市场共享，开发绿色生态红色旅游产品，打造一批知名度高的红色旅游景区。

第五章

江苏园林建筑遗产

　　江苏园林建筑作为中国古典园林重要组成部分，具有独特的造园艺术和文化内涵。苏州园林、扬州园林作为江苏园林的代表，一定程度上代表着高超的造园技艺，这些园林体现着古代文人的审美情趣，是他们寄托的精神家园，具有独特的文化特质。

一、江苏园林建筑遗产概况

　　江苏园林建筑众多，如苏州的拙政园、留园、网师园、耦园等，扬州的何园、个园等。这些园林建筑都是反映当时政治、经济、文化的真实见证，对于研究中国古代园林发展史具有重要意义。

（一）江苏园林建筑遗产分布情况

　　本书选取了江苏省58处园林建筑进行研究，从数量上看，南京1处，苏州29处，无锡7处，常州4处，镇江1处，扬州13处，泰州2处，南通1处。从保护等级上看，全国重点文物保护单位22处，省级文保单位10处，市县级文保单位26处。（表5-1）

表5-1　江苏园林建筑遗产一览表（部分）

序号	名称	时代	文保级别	所在地区
1	瞻园	明至清	全国重点文保单位	南京市
2	网师园	清	全国重点文保单位	苏州市
3	狮子林	元	全国重点文保单位	苏州市
4	艺圃	明	全国重点文保单位	苏州市

（续表）

序号	名称	时代	文保级别	所在地区
5	沧浪亭	元、清	全国重点文保单位	苏州市
6	耦园	清	全国重点文保单位	苏州市
7	环秀山庄	明、清	全国重点文保单位	苏州市
8	留园	明、清	全国重点文保单位	苏州市
9	拙政园	明、清	全国重点文保单位	苏州市
10	退思园	清	全国重点文保单位	苏州市
11	耕乐堂	清	全国重点文保单位	苏州市
12	燕园	清	全国重点文保单位	苏州市
13	荣氏梅园	民国	全国重点文保单位	无锡市
14	寄畅园	明、清	全国重点文保单位	无锡市
15	适园	清	全国重点文保单位	无锡市
16	何园	清	全国重点文保单位	扬州市
17	个园	清	全国重点文保单位	扬州市
18	小盘谷	清	全国重点文保单位	扬州市
19	逸圃	清	全国重点文保单位	扬州市
20	近园	清	全国重点文保单位	常州市
21	水绘园	清	全国重点文保单位	南通市
22	日涉园	明至民国	全国重点文保单位	泰州市
23	惠山寺庙园林	宋–清	省级文保单位	无锡市
24	鼋头渚近代园林	民国	省级文保单位	无锡市
25	瀛园	清	省级文保单位	无锡市
26	怡园	清	省级文保单位	苏州市
27	惠荫园	明清	省级文保单位	苏州市
28	畅园	清	省级文保单位	苏州市
29	曾赵园	清	省级文保单位	苏州市
30	未园	民国	省级文保单位	常州市
31	冬荣园	清	省级文保单位	扬州市
32	李园	清	省级文保单位	泰州市
33	鹤园	清	市县级文保单位	苏州市
34	可园	清	市县级文保单位	苏州市
35	北半园	清	市县级文保单位	苏州市
36	南半园	清	市县级文保单位	苏州市
37	柴园	清	市县级文保单位	苏州市
38	朴园	民国	市县级文保单位	苏州市
39	残粒园	清	市县级文保单位	苏州市
40	墨园	民国	市县级文保单位	苏州市

（续表）

序号	名称	时代	文保级别	所在地区
41	芥舟园	清	市县级文保单位	苏州市
42	启园	民国	市县级文保单位	苏州市
43	端本园	清	市县级文保单位	苏州市
44	之园	清	市县级文保单位	苏州市
45	南园	清	市县级文保单位	苏州市
46	云薖园	民国	市县级文保单位	无锡市
47	八咏园	清	市县级文保单位	扬州市
48	平园	清	市县级文保单位	扬州市
49	珍园	清	市县级文保单位	扬州市
50	小圃	清	市县级文保单位	扬州市
51	棣园	清	市县级文保单位	扬州市
52	壶园	清	市县级文保单位	扬州市
53	朱氏园	清	市县级文保单位	扬州市
54	徐园	清	市县级文保单位	扬州市
55	意园	清	市县级文保单位	常州市
56	约园	清	市县级文保单位	常州市
57	梦溪园遗址	宋	市县级文保单位	镇江市
58	陶氏宅园	民国	市县级文保单位	苏州市

1. 苏州园林

苏州古典园林具有悠久的历史，深厚的文化底蕴，其中9处为世界文化遗产，分别为拙政园、留园、网师园、环秀山庄、沧浪亭、狮子林、耦园、艺圃和退思园。这些园林建筑遗产造园艺术高超、构筑精致巧妙、文化意境深远，是中国古典私家山水园林的成功典范，将中国古代文人的隐逸思想表达的淋漓尽致，体现着人与自然的和谐统一。

拙政园位于苏州东北隅，始建于明正德初年，占地面积约5.2公顷，是苏州市现存最大的古典园林。全园以水为中心，分为东花园、中花园、西花园三部分，园南为住宅区，是江南民居多进的格局。园南建有苏州园林博物馆，是国内唯一的园林专题博物馆。[1]（图5-1）

---

① 拙政园景点概况 [EB/OL]. 拙政园网站 http://www.szzzy.cn/Home/Detail?Detail=d001c3cd-89bf-4ed7-85e3-883d34ad9ddc.

图 5-1 拙政园

留园位于苏州阊门外留园路，始建于明代万历年间，占地面积 23300 平方米，是中国四大名园之一。全园分为中、东、西、北四个景区，中部为山水园，东部为庭院，西部为山林，北部为盆景园。留园以其疏密有致的园林空间、精致巧妙的山水布局和独具一格的石峰景观，成为江南古典园林的经典力作。[①]（图 5-2）

图 5-2 留园

网师园位于苏州阔家头巷，始建于南宋淳熙年间，占地面积八亩多，是江南中小古典园林的代表作。网师园分为东西两部分，东部为住宅，分为三进院落，沿着中轴线分布有轿厅、万卷堂、撷秀楼，砖工门楼雕刻精美独特，

① 留园概况 [EB/OL]. 苏州园林档案馆网站 https://www.gardenly.com/index.php/Gaikuang.html.

被誉为江南第一门楼。西部为花园，以彩霞池为中心，周围建筑环水而筑，分别为月到风来厅、竹外一枝轩、濯缨水阁、看松读画轩等。[①]（图5-3）

图5-3 网师园

环秀山庄位于苏州城中景德路，始建于清朝乾隆年间，占地面积为3亩，1988年列为全国重点文物保护单位，园内地方不大，但是布局设计巧妙，建筑、树木、假山、水池融为一体，园中假山为叠石大师戈裕良所作，石洞、石室、崖道、磴道、峭壁等山中之物一应俱全，重峦叠嶂，蜿蜒曲折，让人身处真山之中。（图5-4）

图5-4 环秀山庄

---

① 网师园介绍 [EB/OL]. 网师园网站 http://www.szwsy.com/Jingdian.aspx?classid=4&class2id=6.

沧浪亭位于苏州沧浪亭街，始建于北宋，占地面积1公顷，是苏州最古老的一所园林。园内以山石为主景，各种亭台楼榭环山而筑，集中于山的南部，有"明道堂"、"瑶华境界"、"清香馆"、"翠玲珑"等建筑，东西有御碑亭，水池周围有藕花水榭、面水轩、锄月轩等建筑。园内有五百名贤祠，壁上刻有名人石刻像。（图5-5）

图5-5　沧浪亭

　　狮子林位于苏州园林路，始建于元代，占地面积1.1公顷，拥有现存国内最大的假山群。狮子林建筑分为祠堂、住宅与庭园三个部分，主要景点有燕誉堂、花篮厅、石舫、卧云室、问梅阁、指柏轩等。（图5-6）

图5-6　狮子林

　　耦园位于苏州小新桥巷，始建于清朝，占地面积约12亩，耦园分为中厅、西花厅和东花园，以住宅居中，为四进厅堂，东西花园分列两边，东花园布局以山为主，以池为辅，西花园以书斋为中心，分为两个院子，各有假山湖石，是典型的宅园合一，一宅二园的园林格局。（图 5-7）

图 5-7　耦园

艺圃位于苏州市文衙弄，始建于明朝，占地面积约 5 亩，园内水池较多，建筑分布在水面周围，有乳鱼亭、南斋、响月廊、延光阁、念祖堂、博雅堂等主要景点。刘敦桢教授评价艺圃"布局简练开朗，池岸低平，水面集中，无壅塞局促之感，风格自然朴质，较多地保存了建园初期的规制，有相当的历史价值与艺术价值"。[①]（图 5-8）

图 5-8　艺圃

---

① 刘敦桢 . 苏州古典园林 [M]. 中国建筑工业出版社，2005.

退思园位于苏州同里镇,始建于清朝,占地面积约10亩,退思园分为住宅、庭院、花园,西部是住宅,有茶厅、轿厅、花厅,中部为庭院,连接住宅和花园,东部为园林,内有水池,各种建筑沿着周围分布,整个园林贴水而建,与众不同。（图5-9）

图5-9　退思园

2. 扬州园林

　　何园,又名寄啸山庄,位于扬州市徐凝门街,始建于清朝光绪年间,占地面积约1.4万平方米,被称为晚清第一园。

　　何园具有中国传统前宅后院布局,分为东园、西园、片石山房、祠堂、院落等,主体建筑分为三进,采用串楼、复廊将东园、西园和宅院连为一体,具有中西兼容、南秀北雄的造园特色。（图5-10）

图5-10　何园

个园位于扬州市盐阜东路，始建于清朝，占地面积约 2.3 公顷，原为扬州盐商私人府邸，现为扬州保存最完好、规模最大的私家园林。

个园以叠石艺术著称，由各种石头堆叠成的四季假山，将山水风景与造园艺术融为一体。全园分为中部花园、南部住宅、北部品种竹观赏区，主要景点有抱山楼、清漪亭、丛书楼、住秋阁、宜雨轩、觅句廊等。（图 5-11）

图 5-11　个园

小盘谷位于扬州市丁家湾大树巷，始建于清朝，占地面积约 5700 平方米。整体布局分为三个部分，东部为花园，园中有假山，假山石造型奇特，虚实相生，保存较为完整，被称为九狮图山。园林虽小，但格局较为紧凑，亭台楼榭、假山湖石应有尽有，山体与水体、楼阁与厅堂之间连接巧妙，构成了一幅自然和谐、构型精致的江南古典园林景象。（图 5-12）

图 5-12　小盘谷

逸圃位于扬州市东关街，始建于民国，占地面积约 5 亩。逸圃大门入口为八角门，上题"逸圃"之名，园内有书斋、花厅、假山等，内有问径小园，有花草树木、假山叠石等，西部为住宅，有轿厅、照厅，园内另建有读书楼。（图 5-13）

图 5-13　逸圃

（二）江苏园林建筑遗产的价值

1. 历史价值

江苏园林建筑记录着当时的历史发展概况，承载着丰富的历史文化，见证着不同历史时期的发展过程。江苏园林建筑不仅提供造园史料文献，还在一定程度上记录着城市发展的历史记忆，使得城市文脉得以延续。

苏州沧浪亭是苏州最古老的园林，园内的五百名贤祠是著名的人文景观，刻有春秋到清代的 594 名苏州乡贤名宦的碑刻画像，是这些代表人物高尚品格的体现，寓意着这些历史人物的丰功伟绩，借以歌颂他们的高风亮节，让后世永远视为楷模。（图 5-14）

2. 文化价值

江苏园林建筑作为历史文化遗产的重要组成部分，其中苏州的 9 座园林为世界文化遗产，这些都体现着中国传统文化的博大精深。它们在一定程度上是对江南地域文化的传承和延续，体现着吴文化的独特魅力。

中国古代天人合一的文化意境也在造园风格上有所体现，体现着深厚的文化底蕴，凸显城市的个性和文化品位。常州约园为清朝史学家赵翼之孙所购，在约园的修建风格中融入了清代学术文化，将乾嘉学派的严谨治学、考据经典的学风植入，造园风格独特，严谨务实，别具一格，凸显江南古典园

林特色。（图 5-15）

图 5-14 沧浪亭五百名贤祠

图 5-15 常州约园

3.艺术价值

江苏园林建筑体现着精湛的造园艺术，是中国古代造园艺术的巅峰之作，具有较高的艺术价值。将其引入到现代园林技术中不仅可以提高现代园林的鉴赏价值，还可以提升现代园林的文化品位。

无锡寄畅园是依托无锡地区山水优势因地制宜，布局巧妙，借助惠山九峰的绵延不绝的山脉和湖水山色，把假山作为山脉，把池水作为背景，将其与当地地形融为一体。小中见大，把人与自然完美统一，达到了内外合一的和谐格局，也体现了技艺精湛的造园艺术。（图 5-16）

图 5-16　寄畅园

4. 科技价值

江苏园林建筑是中国古代科技的智慧结晶，反映出当时科技水平，对于研究中国古代园林技术具有重要的科技价值。其科技价值主要体现在造园技艺上，它们对于现代造园技术具有重要的参考价值。

常州近园的西野草堂建筑风格采用了硬山顶，黄石堆叠假山，园内回廊绵延不绝，以构筑物相连，形成独特的园林格局。地面所用材料匠心独运，选用了枕木等软材料和石板、鹅卵石等硬材料合理搭配，并使用一定的技术手段来铺设，如铺砌法、辅砌法等。（图 5-17）

图 5-17　常州近园

二、江苏园林建筑遗产保护与发展

（一）保护与发展的成功模式

1. 欧洲历史园林

欧洲对文化遗产保护始终是走在世界前列，1982年通过了《国际历史园林宪章》，成为世界各国历史园林保护的基本准则。《保护世界文化和自然遗产公约》《华盛顿宪章》中也专门提及了历史园林保护，这为历史园林保护提供了一定的参考。

英国遗产基金会负责对历史园林的保护与管理，将历史园林进行分类，根据不同类别的历史园林设计保护管理计划，针对不同地区的历史园林具体需求，提供保护管理基金申请计划和资助。[①]

法国1993年制定出台了《风景园林法》，将"建筑、城市遗产保护区"的适用范围扩大到"风景园林"，形成了"建筑、城市和风景园林遗产保护区"，是对风景园林保护与合理开发利用在城市发展实践过程中的强化。[②]

2. 日本传统园林

日本对文化遗产保护是比较重视的，1950年颁布《文化财保护法》，规定对有形文化财和无形文化财同时保护，后又进行了修改，将传统建筑物列入保护范围。进入21世纪以来，相继颁布了《景观三法》《历史风致法》。[③]

日本对于传统园林的保护安排专门机构进行管理，负责传统园林的日常维护工作，主要是打扫传统园林、修建植物、建筑物养护等。对于传统园林的修缮，注重采用原有工艺，保持传统园林的原汁原味。为了传承园林营造技艺，成立园林技艺保存技术协会，形成更为完备的园林保护机构，组织世界各地文物保护和园林修缮技术专家参与传统园林修缮工作。

3. 中国皇家园林

中国皇家园林主要指的是北京"三山五园"为代表的皇家园林，三山指的是万寿山、香山、玉泉山，五园指的是颐和园、静宜园、静明园、畅春园和圆明园。这些皇家园林规模宏大、造型奇特、风景秀丽，反映出当时高超的造园水平，是中国古典园林的成功典范。

北京市政府对皇家园林采取了重点保护，先后制定了一系列的保护规划，

① 翁玉玟. 英国历史园林的保护管理 [N]. 中国文物报，2010-07-09.

② 张春彦. 法国风景园林保护相关政策与立法概述 [J]. 风景园林，2015(03)：59-66.

③ 曹心童. 日本传统园林保护利用策略初探 [D]. 北京林业大学，2016.

组织编制皇家园林总体保护规划，加强皇家园林内部环境和外部环境的整治，集中修复一些重要景点，划定外围缓冲区，对园林周边建筑高度进行控制。此外成立了专门保护管理机构，定期安排专业人员修缮园林建筑。北京市皇家园林将自然环境、生态环境、人文环境的保护紧密融合在一起，既保护了物质文化遗产，也保护了非物质文化遗产。

（二）江苏园林建筑遗产保护与发展的原则

1. 整体性原则

整体性保护是要协调好园林建筑与城市及其周边环境整体保护的关系，要把园林建筑和城市归为一个整体，制定城市发展规划时要充分考虑园林建筑保护的重要性，将其与周边环境共同列入保护范围，实行统一保护规划，形成一个整体保护网络，提升园林建筑遗产的文化特色。在对其进行修缮时，要注意园林建筑的原始风貌的整体性，不去破坏其整体性，与周边自然景观、人文景观等协调一致。

在开发园林建筑过程中，也要进行整体性开发，兼顾园林与住宅区的整体风貌，和周边其他资源进行联动开发，确保园林建筑与其他资源有机融合，体现出江苏园林建筑的整体价值。

2. 原真性原则

原真性是文化遗产保护的基本原则，对于江苏园林建筑，需要保障其本体及其文化的原真性，把园林建筑蕴含的历史文化真实体现，不去破坏其原真性。在修缮园林建筑时，要研究其历史发展脉络，做到真实可信，认真核对园林建筑的相关数据，制定科学合理的修缮方案，最大限度的做到保护其真实历史状态和原始风貌。

开发利用园林建筑时，不去修建假文物，采用原始工艺和建造技术去修建园林。对于园林山水资源的开发，要恢复其原有形状，合理有序进行开发利用，对于园林文化保护，要认真研究其背后蕴含的文化底蕴以及造园文化等信息，保持园林独有的文化特征，实现园林建筑的原真性。

3. 地域性原则

地域性原则是江苏园林建筑保护的重要原则，园林与其地域文化密切相关，体现着当地的历史文化和民俗风情，其建筑风格不同于其他地区园林的造园艺术。

苏州园林蕴含着江南水乡地域文化底蕴，它是吴文化和江南文化的有机结合，一定程度上体现的是江南文化的传统风俗。园林在修建时就已经融入了地域文化特色，设计时也将主人的思想植入，通过修建一些典型性的建筑物来体现地方特色，加入当地的地域文化来体现文化的魅力。

4. 可持续发展原则

江苏园林建筑是珍贵的历史文化遗产，在长期的历史发展过程中形成了独特的人文景观，具有不可复制性，对其保护是一个持续的过程。随着岁月的侵蚀，园林会不同程度的受到损坏，因此对园林建筑的保护需要遵循可持续发展原则。

具体来说，就是要对江苏园林建筑进行长期的维护和修缮，时刻关注它们的日常状况。在进行旅游开发时要采取适度开发原则，不去过度开发，旅游景点客流量需要控制在一定限度，以此确保园林建筑不被破坏。

（三）江苏园林建筑遗产保护与发展的模式

1. 协同共生模式

协同共生模式指的是将园林建筑与其他文化遗产进行协同合作，相互依存，共同发展，最终提高核心竞争力，获取最大的经济效益和社会效益。具体来说就是把园林建筑和城市其他文化遗产进行协同合作，形成文化遗产保护的规模效应。

扬州园林建筑种类繁多，类型丰富，有瘦西湖园林建筑、盐商园林建筑、寺庙园林建筑、公共园林建筑等，这些园林既有北方园林的雄伟壮丽，又有南方园林的小巧秀丽，是南北园林技艺交融的结果，具有独特的造园艺术风格。扬州自然资源和文化遗产众多，不仅有瘦西湖风景区、有扬州城遗址、大明寺等名胜古迹，还有雕版印刷、古琴、剪纸等人类非遗项目。运河扬州段是大运河最古老的一段，建有扬州中国大运河博物馆。可以将这些文化遗产与园林建筑协同保护，共同发展物质文化遗产和非物质文化遗产的旅游项目，推进大运河文化旅游产业快速发展，形成文化遗产多元协同发展的良好局面，促进园林建筑的保护与传承。

2. 体验开发模式

体验开发模式是伴随着体验经济发展而形成的新型旅游开发模式，它不仅可以为游客提供丰富的体验内容，还可以让游客通过体验来亲身经历旅游产品的独特魅力。体验开发模式已经成为国内旅游景区普遍采用的模式，各大景区都推出了体验旅游产品，并且取得了较好的经济效益。

体验开发模式是对园林建筑承载的文化进行传承保护，弘扬园林的文化价值，营造园林体验的气氛。针对江苏省园林建筑的特点，选取一些园林设计不同的体验旅游产品。一是产品主题要明确，要营造一种亲切体验感的气氛，让旅游者可以聚焦主题，尽快融入其中。在不破坏园林建筑的前提下，设计一些主题表演节目，将园林背后的故事进行改编，通过真人进行表演，运用静态和动态结合的形式展示，生动再现当时的市井风貌，让游客如同置身于真实场景之中。二是产品创意要新颖，将地域文化融入其中，重点围绕文化内涵开发旅游产品，如苏州古典园林可以将吴文化作为背景，将吴文化的代表人物进行立体布局，融入吴文化的精神内涵，在景区开展丰富多彩的文化展示活动，将昆曲、木版年画、苏绣等非遗艺术融入其中，开展沉浸式非遗体验系列活动。

3. 文旅商综合体模式

文旅商综合体模式指的是以资源为基础，将文化、旅游、商贸三者相互融合，形成资源共享、市场共享、产业链共荣的产业发展格局。[①]

文旅商综合体模式是利用当地丰富的历史文化资源、旅游资源，借助于当地的商业集聚区和商圈，通过多种协同发展方式，深入挖掘商业中蕴含的文化旅游内涵，打造文旅商集聚区，形成整体合力，带动城市经济发展。

常州园林建筑如近园、未园、意园、约园等四大名园均位于市区，京杭大运河流经市区，市区有前后北岸历史文化街区、青果巷历史文化街区，天宁寺、文笔塔、舣舟亭等历史遗存，瞿秋白故居、张太雷故居等红色文化资源，周边有南大街商圈、北大街商圈、文化宫商圈等，文化、旅游、商业资源较为丰富。可以依托文旅商资源，借助大运河文化带建设，将这些资源进行整合，引入商业新业态，构建集观光旅游、休闲购物、文化欣赏、艺术品鉴为一体的文旅商综合体。

（四）江苏园林建筑遗产保护与发展现状

江苏一向重视园林建筑的保护工作，制定出台了一系列法律法规。2013年，江苏省住建厅印发《关于进一步加强公园工作的意见》，明确提出"具有历史文化风貌和保护价值的公园应当纳入城市历史文化保护规划，列入世界遗产名录的或具备文化与自然遗产价值的，严格依据相关法律法规进行保护管理。" 2016 年，江苏省政府出台《关于加强风景名胜区保护和城市园林绿化工作的意见》，对江苏古典园林保护工作提出了明确要求。2017 年，江苏省住建厅出台《关于实施传统建筑和园林营造技艺传承工程的意见》，对

---

① 梁峰，郭炳南 . 文、旅、商融合发展的内在机制与路径研究 [J]. 技术经济与管理研究 ,2016(08).

传统建筑和园林营造技艺进行保护，旨在推动江苏省传统建筑和园林营造技艺更好的传承下来。

各地也纷纷展开了园林建筑保护工作，苏州在园林建筑保护方面做出了优异的成绩。1997年苏州市制定出台了《苏州园林保护和管理条例》，这是中国第一部园林保护的地方性法规。随后又出台了古建筑保护、维修工程等法规，2011年专门针对苏州古典园林制定了《世界文化遗产苏州古典园林监测工作管理规则》。2015年以来，苏州市公布了五批《苏州园林名录》，收录了118座园林。苏州市采取多种形式，通过修缮维护，完善园林保护机制，推动园林向公众开放。扬州、无锡、常州等地也相继出台了一系列的保护措施，对园林建筑进行了重点保护，进行旅游开发，提高了当地园林建筑的知名度。

苏州市、扬州市大力促进园林出口到海外，相继有数十座园林出口到国外，比较著名有纽约大都会博物馆的明轩、瑞士世贸组织总部的瑞苏园、美国亨廷顿图书馆的流芳园、美国波特兰的兰苏园等。

（五）江苏园林建筑遗产保护与发展存在的问题

1. 保护措施各不相同，保护制度有待完善

江苏省园林建筑中以苏州园林保护最为完好，已经形成了一整套完备的保护管理制度。但是对于其他地方园林建筑来说，保护程度各不相同，开发利用缺乏平衡发展。

扬州园林建筑众多，有全国重点文保单位何园、个园等，省级文保单位冬荣园等，市级文保单位八咏园、平园等，还有一些县区级文保以及未列入文保单位的园林。对于各级文保单位的园林，政府投入了大量的财力去修缮保护，使得这些园林得到了较好保护。对于一些等级不高和价值较低的园林相对保护不足，一些私家园林进行了改建或重建，增加了一些现代建筑，失去了原有的文化韵味。

常州历史上被称为百园之城，留存至今仅有少数几个。约园位于常州第二人民医院内，早期由于医院扩建需要，约园一些古建筑被拆毁，破坏了整体性和原真性。位于前后北岸历史文化街区的意园在早期城市改造过程中，不同程度的遭到了破坏。①

2. 管理部门不相统一，保护水平存在差异

目前江苏园林建筑管理主体过于分散，没有统一的管理部门，导致无法

---

① 王浩，等.常州市古典园林遗产保护与创新存在的问题及对策 .[J]. 乡村科技，2018(26)：76-77.

进行统一规划管理，不同管理部门保护水平也参差不齐。

一些公共园林属于园林部门管理，这一类园林保护最为完好，实现对外开放，有专门机构和个人进行定期修缮维护，园林价值得到了充分的显现。一些园林属于其他部门管理，如文化、教育等部门，这些园林大多是位于单位内部或成为其办公场所。这些园林保护程度较好，但由于缺乏专业技术人员，保护管理不够专业，再加上没有专门安排人员管理，容易导致园林不同程度被破坏。

一些园林属于企业管理，这些园林大多是被旅游企业作为旅游景点对外开放，门票收入可以提供日常维护所用，但是容易造成过度开发利用，并且会挤占园林作为办公场所。还有一些属于私企或者个人管理，这些园林大多是属于私人产权，这些园林一般维护较好，作为产权所有人的私家花园，有的也对外免费开放。

3. 宣传形式过于单一，公民参与热度不足

通过网上进行搜索江苏园林建筑发现，只有苏州市针对拙政园、狮子林、虎丘、留园、网师园等世界文化遗产开设专门网站，其他城市的园林很少开设网站。一些各级文保单位的园林通过网络可以搜索到相关宣传信息，但是非文保单位的园林却无从查找。有的城市园林局网站有所介绍，但是介绍内容偏少，一般都不是放在网站显眼位置，不容易查找资料。

管理部门对于江苏园林建筑的价值和内涵没有充分的发挥，宣传力度不够，导致公众对于江苏园林建筑的重要性认识不足，也不知道园林背后蕴含的传奇故事，无从得知园林的前世今生，严重影响园林知名度的提升。

长期以来，园林保护主体为政府部门，社会力量参与热情不够，一些社会公益组织志愿者仅限于为园林提供后勤服务，并没有真正参与到园林的保护和修缮工作中，参与的深度和广度不够。

4. 文化内涵挖掘不深，文化精髓提炼不足

江苏省园林建筑以江南古典园林为主，文化内涵挖掘不深，缺乏特色创新。无锡和苏州同属于吴文化圈，园林建造技艺相似，苏州园林定位在吴文化，深挖吴文化内涵，形成了独具特色的苏州古典园林。

无锡是中国近现代民族工商业的发祥地，拥有厚重的工商文化，很多园林都是工商业者的私家花园，但是这些园林没有形成统一的规划，没有将工商文化融入其中，形成自身特色。大多注重园林物质遗产的保护，没有提炼文化的精髓，难以凸显出文化价值。

扬州园林以盐商文化为主题，盐商文化与扬州园林息息相关，但是盐商

文化未能真正融入到园林之中，盐商文化只是抽象的概念，未能转化成为具体的文化元素，也没有形成独特的文化产品。扬州各园林在开发旅游时对盐商文化的挖掘只是停留在浅层次的，未能将文化底蕴深厚的盐商文化转化成旅游产品。

（六）江苏园林建筑遗产保护与发展的对策

1. 科学统筹合理规划，提高遗产保护重视程度

各地政府部门要针对本地区园林建筑进行科学规划，将其纳入城市发展规划，充分考虑园林建筑的自然环境，与周边环境规划为统一整体，保持园林建筑的整体性和原真性，实现园林建筑与城乡建设和谐统一。

通过制定地方性法规明确责任，对本地区园林建筑进行分类分级管理，对一些价值重大的园林建筑，采取重点保护方式，严格划定保护范围，禁止一切破坏行为。园林行政部门要出台相关指导办法，组建园林修缮专家团队，为园林管理部门提供技术服务，定期巡查园林保护状况，提高园林保护管理的科学性。

系统全面记录园林建筑信息，建立江苏省园林建筑信息数据库，借助于三维扫描技术、数字媒体技术等手段完整记录江苏省园林建筑的空间布局、建筑结构等信息，收集、整理不同介质的园林建筑，采用数字化、可视化建模手段予以保存，形成江苏省园林建筑的动态数据库。对于一些已经损毁的园林建筑，可以采用三维成像技术将其还原成影像资料予以保存。

2. 明确管理部门职责，探索多样保护发展模式

各市要成立全市统一管理园林的专门机构，直接隶属于市政府，实现统一规划、统一保护、统一开发。理顺园林管理部门之间的关系，明确各部门工作职责，赋予必要的管理权限，指导各部门协同管理，确保管理职责落实到位。

各地要探索全新的管理模式，将园林所有权和管理权分离，由园林管理中心负责统一保护开发，具体日常管理交由相关部门进行，文保部门负责修缮维护，规划部门负责保护规划，园林绿化部门负责景观花木养护，旅游部门负责开发经营。

各地要探索多样化、多元化开发模式，吸引社会力量参与园林的保护性开发，允许个人以园林产权入股，将使用权转让给专业公司经营管理，双方根据股份比例进行分红，留取一部分资金作为园林日常维修资金。鼓励公司或者个人利用园林进行文化创意产业经营，引进博物馆、图书馆、展览馆等

新业态，提高园林的利用率。

3. 改革宣传工作机制，完善公民参与保护机制

改革园林宣传工作机制，加大园林保护宣传力度。一要借助于报纸、海报、张贴画等传统媒介，定期刊登相关宣传信息，及时报道园林保护开发情况。二要借助于新媒体技术手段，采用网络、微博、微信公众号等进行推送相关信息，用大量图片、文字、音频、视频来展现园林全貌，在园林中拍摄短视频和微电影，通过抖音、快手、爱奇艺等网络平台进行传播。三要借助于节日纪念日开展宣传，在文化遗产日开展系列活动，向大众普及园林相关知识。四是借助于专家学者的引领，定期邀请文化遗产保护专家开设讲座、研讨会、市民论坛等，从专业角度宣传园林，推广园林建筑保护的重要性。

引进公民参与机制，重视社会力量的重要性，推动公民成为园林建筑保护的中间力量。建立园林保护志愿者制度，发动公民积极参与监督园林建筑的修缮维护工作，畅通公众参与保护的渠道。积极搭建公民参与平台，建立与政府部门之间的联系，对一些在保护园林工作中做出突出贡献的公民予以奖励，通过法律法规形式予以保障合法权益。

4. 深入挖掘文化内涵，打造园林文化经典品牌

深入挖掘园林文化内涵，注重地域文化的传承与创新，将园林文化与地域文化有机结合，扩大园林文化品牌影响力。如扬州园林要注重把盐商文化融入园林文化，搜集整理盐商和园林相关的传奇故事和历史事件，结合盐商文化和园林文化开展文化旅游，注重体验式旅游和研学，通过在园林中举办盐商文化节来扩大园林知名度。

无锡园林要注重将工商文化于园林文化有机融合，开发体验式旅游产品，探索文化创意产业创新应用，在园林文化中融入工商文化元素，根据无锡民族工商业者的生平事迹和相关历史事件编排成实景舞台剧，将园林作为实景进行舞台表演，利用高科技传媒手段进行传播，让游客体验到工商文化和园林文化的独特魅力。

积极开发文创艺术品，融入园林艺术元素，结合园林开发文创艺术品。如常州园林可以与常州梳篦、乱针绣、留青竹刻等非遗结合，生产一些以园林为背景图案的文创工艺品，提升工艺品的艺术品鉴价值，提高园林文化品牌的影响力。

第六章

江苏礼制建筑遗产

礼制建筑体现着中国古代等级制度，是维护社会等级的工具，礼制建筑分为祭坛、庙、宗祠、明堂、牌坊、朝堂、华表等，古代皇家礼制建筑以宫殿建筑、宗庙祭坛为主，表现出尊卑贵贱的礼制观念。江苏礼制建筑主要以民间礼制建筑为主，如家庙、文庙、武庙、祠堂、牌坊等，这些礼制建筑是在中国礼仪文化影响下形成的，融入了中国传统礼制观念，体现着尊卑等级的社会关系。

一、江苏礼制建筑遗产概况

江苏礼制建筑众多，如无锡惠山祠堂群、苏州的常熟言子祠、吴江盛泽先蚕祠、浈溪徐氏宗祠等，这些礼制建筑都是反映当时社会和文化的真实见证，对于研究中国古代礼制建筑具有重要意义。

（一）江苏礼制建筑遗产分布情况

本书选取了江苏省 143 处礼制建筑进行研究，从数量上看，南京 17 处，苏州 27 处，无锡 43 处，常州 26 处，镇江 8 处，扬州 3 处，泰州 7 处，南通 1 处，徐州 3 处，淮安 4 处，盐城 2 处，连云港 1 处，宿迁 1 处。从保护等级上看，全国重点文物保护单位 6 处，省级文保单位 35 处，市县级文保单位 102 处。

表6-1　江苏礼制建筑遗产一览表（部分）

序号	名称	时代	文保级别	所在地区
1	常熟言子祠	明代	全国重点文保单位	苏州市
2	吴江盛泽先蚕祠	清代	全国重点文保单位	苏州市
3	苏州文庙	宋	全国重点文保单位	苏州市
4	泔溪徐氏宗祠	明代	全国重点文保单位	无锡市
5	泰伯庙	明至清	全国重点文保单位	无锡市
6	惠山镇祠堂	南北朝至民国	全国重点文保单位	无锡市
7	六合文庙	清	省级文保单位	南京市
8	高淳周氏宗祠	清	省级文保单位	南京市
9	张文贞公祠	民国	省级文保单位	无锡市
10	倪云林祠	清	省级文保单位	无锡市
11	薛中丞祠	清	省级文保单位	无锡市
12	濂溪周夫子祠	清	省级文保单位	无锡市
13	荡口华氏始迁祖祠	清	省级文保单位	无锡市
14	三公祠	明	省级文保单位	无锡市
15	江阴文庙	宋至清	省级文保单位	无锡市
16	徐义庄祠	明	省级文保单位	无锡市
17	常州文庙大成殿	清	省级文保单位	常州市
18	礼嘉王氏宗祠	清	省级文保单位	常州市
19	王鏊祠	明	省级文保单位	苏州市
20	范文正公忠烈庙	宋—清	省级文保单位	苏州市
21	徐家祠堂	清	省级文保单位	苏州市
22	吴江文庙	清	省级文保单位	苏州市
23	周宫傅祠	清	省级文保单位	苏州市
24	言子专祠	元明	省级文保单位	苏州市
25	南通文庙	元—清	省级文保单位	南通市
26	关天培祠	清	省级文保单位	淮安市
27	清江文庙	明	省级文保单位	淮安市
28	陆秀夫祠	明清	省级文保单位	盐城市
29	郝氏宗祠	民国	省级文保单位	盐城市
30	朱氏家祠	清	省级文保单位	扬州市
31	解氏宗祠正厅	明	省级文保单位	镇江市
32	崇贤里王氏宗祠	明清	省级文保单位	镇江市
33	敦睦堂	明清	省级文保单位	镇江市
34	朱氏宗祠	清	省级文保单位	镇江市
35	殷氏宗祠	明清	省级文保单位	镇江市
36	张家祠堂正厅	明	省级文保单位	镇江市

（续表）

序号	名称	时代	文保级别	所在地区
37	崇儒祠	明	省级文保单位	泰州市
38	岳武穆祠	明清	省级文保单位	泰州市
39	姜堰王氏宗祠	明清	省级文保单位	泰州市
40	泰兴文庙	明清	省级文保单位	泰州市
41	孔庙大成殿	明清	省级文保单位	宿迁市
42	武庙遗址	明、清	市县级文保单位	南京市
43	颜鲁公祠	清	市县级文保单位	南京市
44	江浦文庙	清	市县级文保单位	南京市
45	李鸿章祠堂	清	市县级文保单位	南京市
46	陶澍、林则徐二公祠	清	市县级文保单位	南京市
47	洪蓝芮氏祠堂	清代	市县级文保单位	南京市
48	石湫魏氏宗祠	清代	市县级文保单位	南京市
49	和凤杨氏宗祠	清代	市县级文保单位	南京市
50	和凤诸氏宗祠	清代	市县级文保单位	南京市
51	晶桥刘氏宗祠	明代	市县级文保单位	南京市
52	谢氏宗祠	清	市县级文保单位	南京市
53	蒋山村何氏宗祠	清	市县级文保单位	南京市
54	戴西村黄氏宗祠	清	市县级文保单位	南京市
55	启后祠	清	市县级文保单位	南京市
56	曾公祠	清	市县级文保单位	南京市
57	况公祠	清	市县级文保单位	苏州市
58	唐寅祠	清	市县级文保单位	苏州市
59	范成大祠	明清	市县级文保单位	苏州市
60	邓氏祠堂	清	市县级文保单位	苏州市
61	张国维祠	清	市县级文保单位	苏州市
62	言子祠	清	市县级文保单位	苏州市
63	忠仁祠	清	市县级文保单位	苏州市
64	沈家祠堂	清	市县级文保单位	苏州市
65	黄氏祠堂	清	市县级文保单位	苏州市
66	万氏祠堂	清	市县级文保单位	苏州市
67	席氏支祠	清	市县级文保单位	苏州市
68	陆士龙祠堂	民国	市县级文保单位	苏州市
69	庞氏宗祠	民国	市县级文保单位	苏州市
70	孙氏祠堂	清	市县级文保单位	苏州市
71	大义蜂蚁节孝坊	清	市县级文保单位	苏州市
72	支塘东街姚家祠堂	清	市县级文保单位	苏州市

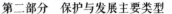

（续表）

序号	名称	时代	文保级别	所在地区
73	周孝子庙	清	市县级文保单位	苏州市
74	曹家祠堂	明	市县级文保单位	苏州市
75	周忱祠	明	市县级文保单位	无锡市
76	秦淮海祠	清	市县级文保单位	无锡市
77	新安钱武肃王祠	明清	市县级文保单位	无锡市
78	陈墅姚家祠堂	清	市县级文保单位	无锡市
79	马盘顾氏宗祠	清	市县级文保单位	无锡市
80	前洲余氏祠堂	清	市县级文保单位	无锡市
81	蓉湖吴氏宗祠	清	市县级文保单位	无锡市
82	三公祠碑刻	清	市县级文保单位	无锡市
83	武庙	清	市县级文保单位	无锡市
84	曹氏宗祠	清	市县级文保单位	无锡市
85	唐公祠	清	市县级文保单位	无锡市
86	葛氏宗祠	清	市县级文保单位	无锡市
87	沈氏宗祠	清	市县级文保单位	无锡市
88	赵氏宗祠	清	市县级文保单位	无锡市
89	沈家冲祠堂	清	市县级文保单位	无锡市
90	夏氏贞节牌坊	清	市县级文保单位	无锡市
91	吴孝子牌坊	清	市县级文保单位	无锡市
92	恩荣坊	清	市县级文保单位	无锡市
93	孙氏节孝坊	清	市县级文保单位	无锡市
94	忠肃祠	清	市县级文保单位	无锡市
95	任氏节孝坊	清	市县级文保单位	无锡市
96	张公祠	清	市县级文保单位	无锡市
97	周氏节孝坊	清	市县级文保单位	无锡市
98	瞿氏节孝坊	清	市县级文保单位	无锡市
99	邵氏宗祠	清	市县级文保单位	无锡市
100	陈氏宗祠	清	市县级文保单位	无锡市
101	潘氏宗祠	民国	市县级文保单位	无锡市
102	路氏节孝坊	清	市县级文保单位	无锡市
103	任氏宗祠	明	市县级文保单位	无锡市
104	西圩蒋氏宗祠	清	市县级文保单位	无锡市
105	水北蒋氏宗祠	清	市县级文保单位	无锡市
106	棠下张氏宗祠	清	市县级文保单位	无锡市
107	唐氏宗祠	明	市县级文保单位	常州市
108	曾氏节孝牌坊	清	市县级文保单位	常州市

（续表）

序号	名称	时代	文保级别	所在地区
109	晋陵白氏宗祠遗址	明	市县级文保单位	常州市
110	刘氏宗祠	清	市县级文保单位	常州市
111	徐氏宗祠	清	市县级文保单位	常州市
112	蒋氏宗祠	清	市县级文保单位	常州市
113	蒋氏贞节坊	清	市县级文保单位	常州市
114	沈氏宗祠	清	市县级文保单位	常州市
115	邹浩祠	清	市县级文保单位	常州市
116	横林赵氏宗祠	清	市县级文保单位	常州市
117	梅里张氏宗祠	清	市县级文保单位	常州市
118	余巷冯氏宗祠	清	市县级文保单位	常州市
119	芙蓉奚氏宗祠	清	市县级文保单位	常州市
120	卢庄徐氏宗祠	清	市县级文保单位	常州市
121	潞城王氏宗祠	清	市县级文保单位	常州市
122	樟村陆氏宗祠	清	市县级文保单位	常州市
123	芳茂里方氏宗祠	清	市县级文保单位	常州市
124	李象桥李氏宗祠	清	市县级文保单位	常州市
125	崔桥朱家村朱氏宗祠	清	市县级文保单位	常州市
126	芙蓉西柳塘村刘氏宗祠	清	市县级文保单位	常州市
127	横林江村周氏宗祠	清	市县级文保单位	常州市
128	崔桥舍头村朱氏宗祠	清	市县级文保单位	常州市
129	余巷薛氏宗祠	清	市县级文保单位	常州市
130	殷家旦殷氏宗祠	清	市县级文保单位	常州市
131	节孝祠堂牌坊及碑刻	清	市县级文保单位	镇江市
132	萧氏宗祠	清	市县级文保单位	镇江市
133	董子祠	清	市县级文保单位	扬州市
134	文公祠	清	市县级文保单位	扬州市
135	张氏宗祠	清	市县级文保单位	泰州市
136	夏思恭祠	清	市县级文保单位	泰州市
137	石氏宗祠	民国	市县级文保单位	泰州市
138	文庙大成殿	明	市县级文保单位	徐州市
139	卜子祠	清	市县级文保单位	徐州市
140	古沛魏氏家祠	清	市县级文保单位	徐州市
141	韩侯祠	明	市县级文保单位	淮安市
142	胯下桥牌坊	明	市县级文保单位	淮安市
143	当路王氏宗祠	明	市县级文保单位	连云港市

1. 苏州

常熟言子祠是祭祀孔子弟子言子的专祠，常熟保存最早的古代官式祠庙建筑，也是全国唯一一处在文庙范围内，单独设祠祭祀孔子学生言偃的建筑。（图6-1）

图6-1　常熟言子祠

吴江盛泽先蚕祠位于苏州市吴江区盛泽镇，始建于清朝道光年间，是祭祀蚕丝行业祖师的公祠，2013年被列为全国重点文物保护单位。

先蚕祠为古典庙堂式建筑，内有蚕皇殿，供奉着轩辕、神农和嫘祖三尊塑像，殿上有"先蚕遗泽""衣被苍生"的匾额。（图6-2）

图6-2　先蚕祠

2. 无锡

洑溪徐氏宗祠位于宜兴市宜城街道，建于明朝弘治年间，明代首辅徐溥的家族祠堂。宗祠坐北朝南，原为五进建筑，第三进为正厅，梁柱为楠木所建，上有彩绘，梁架整体结构保持原貌，具有典型的明代建筑特征。现为全国重点文物保护单位。（图6-3）

图6-3　徐氏宗祠

泰伯庙又名至德祠、让王庙，位于无锡梅村镇，为纪念泰伯而建的祠堂。现存泰伯庙为明清建筑，建造时采用了特殊的"谦让"礼制，向正南向西偏让了15°，2006年被公布为第六批全国重点文物保护单位。（图6-4）

图6-4　泰伯庙

惠山镇祠堂位于无锡市惠山，分为官祠、私祠两大类，始建于南北朝时期，现存祠堂及其建筑数量有一百多处，多为明清、民国时期所建，其中华孝子祠、至德祠、尤文简公祠、钱武肃王祠、淮湘昭忠祠、留耕草堂、顾洞阳祠、王武愍公祠、陆宣公祠、杨藕芳祠等 10 座祠堂为全国文物保护重点祠堂建筑。

3. 南京

六合文庙位于南京市六合区，始建于唐朝，为祭祀儒家代表人物孔子所建，占地面积约八千平方米，保存有大成殿、魁星亭、戟门、泮池等建筑，是江北保存最完整的古建筑群。现为江苏省文物保护单位。

（二）江苏礼制建筑遗产的价值

1. 历史价值

江苏礼制建筑反映的是一定时期内当地社会发展过程，蕴含着丰富的历史底蕴，见证着当地的发展历史，承载着厚重的历史信息。惠山镇祠堂群经历了几个历史阶段，始建于南北朝时期，形成于元明时期，兴盛于清、民国时期，见证着不同历史阶段的无锡发展兴衰过程。

一些文庙是供奉孔子的祭祀场所，它体现着当地对儒家文化的重视程度，从一个侧面也体现出所处朝代尊孔崇儒政策演变过程，将这些历史信息运用现代传媒技术予以全新阐释，可以延续人们对儒家文化的认同感。

2. 文化价值

礼制建筑作为一种传统祭祀建筑，与中国传统礼仪文化密切相关，体现着中国传统礼仪文化的思想，蕴含着丰富的礼仪文化精神内涵。祠堂作为礼制建筑的重要组成部分，它不仅记录着当地的民俗文化，还反映出中华优秀传统文化的博大精深，体现着"仁义礼智信"的价值理念。

一些宗祠建筑中的谱牒和碑刻，记录着宗族变迁历史和文化习俗，反映着地域文化的多样性特点。对这些礼制建筑的文化内涵进行深入挖掘，开办一些文化节活动，可以提升礼制建筑的文化价值，也为当地带来良好的经济效益。

3. 教育价值

江苏礼制建筑的教育价值是其基本功能，很多宗祠和文庙都是以宣传教育为主，利用村规民约、家风家训等进行教化村民，实现礼制建筑的教育功能。在古代，礼制建筑不仅是祭祀场所，更是用以教化人民的重要基地。如祠堂在举行祭祀仪式或宗族活动时，一般都会宣读一些先贤圣人的语录，向后人告诫要遵规守纪，以先贤为榜样，认真读书，博取功名，为族人争光。

一些礼制建筑还开办教育，如文庙，不仅是祭祀孔子的场所，还在其中开办教育，对读书人进行文化教育和道德教育。通过这些教育活动，让世人学习到儒家伦理道德和儒学思想。利用礼制建筑作为中国传统文化的教育场所，可以让年轻人亲身体验到中国传统文化的真实氛围，实现礼制建筑的教育价值。

4. 艺术价值

江苏礼制建筑的装饰风格比较独特，展现了精湛的木雕、砖雕、石雕的技艺，显现出独特的江南水乡地域文化内涵。装饰的图案多以福寿禄、吉祥如意、花鸟虫兽等为主，表达人们对幸福安康、长寿万年的追求，也充分展现出丰富多彩的民俗文化。

这些礼制建筑的装饰艺术凝聚了人类的智慧，不仅展现中国传统建筑营造技艺的精湛技艺，还深刻的体现着中国传统建筑文化的博大精深，具有较高的美学价值，蕴含着丰富的文化底蕴，是中华民族的珍贵财富。

5. 科学价值

江苏礼制建筑布局对称，形成一种对称美，通过点、线、面等要素来合理布局，形成一种自然对称的协调美，左右对称，中轴居正，体现着一定的层次感，让人有一种庄严肃穆感。

江苏礼制建筑在选址时充分体现了中国古代"天人合一"的思想，将礼制建筑与乡村自然环境和人文环境完美融合在一起，体现了人与自然和谐相处的生态思想。礼制建筑的建造与自然融合一体，相得益彰，形成独特的审美意境，体现着和谐美。礼制建筑在装饰艺术体现的是匠师的精湛技艺，匠师运用各种雕刻手段创造出礼制建筑的艺术美，依靠各种图案构成富有立体感的效果，体现出一种工艺美。

二、江苏礼制建筑遗产保护与发展

（一）保护与发展的成功模式

1. 北京皇家祭坛

皇家祭坛是中国古代封建王朝举行祭祀活动的场所，体现着中国古代皇家祭祀礼制文化。北京皇家祭坛拥有统一的规划，建筑风格独特，格局完整，主要有天坛、地坛、社稷坛、日坛、月坛、先农坛、先蚕坛等，均为全国重点文物保护单位，其中天坛为世界遗产。

天坛在北京城正南，由圜丘坛、皇穹宇和祈年殿三部分组成，是世界上最大的祭天建筑群。地坛在北京城北，分为内坛和外坛，是皇帝祭地的场所。社稷坛是皇帝祭祀土神谷神的场所，日坛是皇帝祭祀太阳神的场所，月坛是皇帝祭祀月神的场所，先农坛是皇帝祭祀先农、山川太岁诸神的地方，先蚕坛，在北京北海公园东北角，是皇后祭祀先蚕神和采桑养蚕的地方。①

　　北京皇家祭坛采用了公园和博物馆保护模式，公园由天坛公园、地坛公园、日坛公园、月坛公园、中山公园、北海公园等，博物馆有依托先农坛、太岁坛成立的北京古建筑博物馆。北京市政府高度重视皇家祭坛保护工作，专门成立管理处，安排专人定期修缮保护，取得了较好的成效。

2. 曲阜孔庙

　　曲阜孔庙是典型的礼制建筑，是中国古代祭孔活动的祭祀场所，现为全国重点文物保护单位和世界文化遗产。现存曲阜孔庙建筑群以南北为中轴线，分左、中、右三路建筑布局，前后共九进院落，有各类建筑 100 余座 460 余间，东西横宽 140 米，南北纵长 1 000 余米，结构严谨，气势宏伟，是中国著名的宫殿式建筑群落。② 曲阜孔庙建筑为"三路九进"的院落布局，呈现出等级森严的礼制秩序，此外还有三朝五门、四隅之制的规划设计也体现出礼制文化秩序。

　　曲阜孔庙作为曲阜三孔景区的重要组成部分，其建筑保护一直受到高度重视，改革开放后政府投入了大量资金进行修缮，采取原样保护、加固保护、重绘保护三种不同方式，坚持古建筑传统技艺做法，修缮了大批古建筑，如孔庙十三碑亭建筑组群、孔庙大成门及东西庑建筑组群等。

3. 广东祠堂

　　明清时期以来，广东省兴建了大量的祠堂，如广州陈家祠、潮州丛熙公祠等，数万个祠堂分布在城市和乡村，成为研究岭南文化的"活化石"。根据祭祀对象与祭祀等级的不同，广东祠堂可分为祖祠、房支祠等。祠堂多为面阔三间、进深二至三进的天井院落式建筑，分为头门、享堂、寝堂、天井、两廊等。③

　　广州陈家祠是现存规模最大、保存最完好、装饰最精美的祠堂式建筑，现为全国重点文保单位、4A 旅游景区。祠堂运用了传统的灰塑、陶塑、彩绘装饰手法，加上砖雕、木雕、石雕等雕刻技艺，在祠堂建筑中的精品。

　　① 刘媛.北京明清祭坛园林保护和利用 [D].北京林业大学，2009.

　　② 孔志刚.孔庙建筑结构探究 [J].文物鉴定与鉴赏，2020(9)：16-18.

　　③ 历史建筑中的传统祠堂 [EB/OL].http://nr.gd.gov.cn/xwdtnew/sxdt/content/post_2935500.html.

目前依托陈家祠建成了广东民间工艺博物馆，展出了广州木雕、象牙雕刻、砖雕、粤绣、石湾陶等广东民间工艺品，由于其门类齐全，展品丰富，因此被评为国家一级博物馆。

（二）江苏礼制建筑遗产保护与发展的原则

1. 真实性原则

礼制建筑的真实性原则是至关重要的，保护礼制建筑需要保持其真实性，进行原址保护，保护其原有建筑风貌。对礼制建筑的建筑风貌、建筑构造、建筑工艺等进行原汁原味的保护，保持礼制建筑原本风貌、原本的环境特征和空间形态，力求达到原真性的最大保护，使礼制建筑成为延续历史的载体。

江苏礼制建筑的保护需要坚持真实性原则，在修复礼制建筑时需要把握住度，要从延续礼制文化和传承传统文化的角度出发，尽量还原礼制建筑的原有形状。对于礼制建筑的原貌，在修缮过程中要尊重原始文献资料和图纸，不能出现主观臆断。从修缮保护设计、选材用料、建造技艺和工艺流程等方面开展，最大限度的保留其原始状态，确保建筑可以真实反映出建筑风格和建筑文化。

2. 整体性原则

礼制建筑及其周围环境都是一个整体，需要遵循整体性保护原则，将其与周围环境纳入到保护范围，结合周边环境制定整体性保护规划。无锡惠山镇祠堂群完整保存着一百多家祠堂，被誉为无锡露天历史博物馆，这些祠堂与当地的自然环境、人文环境形成一个整体。惠山镇祠堂群依着惠山和锡山，以天下第二泉为水脉，山水相依，浑然一体，与惠山古镇整体格局一致。要保护惠山古镇整体特征，保持礼制建筑格局的稳定性和完整性，把礼制建筑与礼制文化融为一体，注重保持原有的建筑结构，延续礼制建筑的历史风貌。

3. 可持续发展原则

礼制建筑承载着丰富的历史文化信息，也是当地居民赖以生存的安身之处，要想保持长远的发展，必须坚持可持续发展原则。礼制建筑的保护与所处的自然环境密切相关，对礼制建筑的保护要从单纯的个体保护向礼制建筑自然环境保护延伸，把礼制建筑周边的自然环境纳入保护范围。

不仅要保护礼制建筑的物质形态，还要保护礼制建筑的礼仪文化。以可持续发展的原则作为指导，不搞过度开发，遵循自然规律，注意统筹短期利益和长远利益以及经济发展与生态保护之间的关系，避免破坏礼制建筑及周围环境，实现礼制建筑保护可持续发展。

4. 文化传承性原则

礼制建筑体现着中国传统礼制文化，礼制文化的核心是"礼"，礼是中国古代儒家伦理思想，体现着中国古代社会关系。受到中国传统礼制文化的影响，礼制建筑形成了自成体系的建筑。

中国传统文化是礼乐文化，礼制建筑体现着中国古代封建等级制度，集中体现宗法礼仪，形成了具有鲜明地域文化特色的礼制文化。一些祠堂的建筑布局以礼为主线，设计时沿着中轴线分开布局，井然有序，体现着尊卑有序的封建伦理思想。

礼制建筑突出的反映了封建的礼仪文化和伦理思想，是中国传统文化在建筑上的集中反映，蕴含着丰富的哲理和人文气息，体现着建筑与人的和谐统一，只有认识到礼制文化蕴含的精神内涵，才能深刻理解礼制建筑的文化价值。

（三）江苏礼制建筑遗产保护与发展的模式

1. 主题博物馆

主题博物馆是针对某个特定主题来设计展出的专业博物馆，一般可以分为自然科学类、文化艺术类等。根据不同的对象设置不同的主题，目前依托礼制建筑遗产开设的主题博物馆主要有广东民间工艺博物馆、晋祠博物馆、三苏祠博物馆等。

可以将江苏一些祠堂建筑改造成为主题博物馆，根据祠堂建筑所在地的地域文化特色，设置乡村记忆博物馆、乡村红色文化主题博物馆等，展出当地的革命英雄事迹和乡村发展历史。乡村主题博物馆以展出乡村农耕文化为主，将地方优秀的文化通过图片、文字、影像等媒介予以展示。主题博物馆的设计上可以运用现代媒体技术，制作与主题相关的视频，通过手机客户端进行浏览，以此提高主题博物馆的吸引力。

2. 主题文化公园

主题文化公园是以当地的地域文化、风土人情、历史遗存、名人轶事等为基础，形成某一特定文化主题的公园，一般可以分为历史文化主题公园、民族文化主题公园等，国内比较著名的有杭州宋城、西安大唐芙蓉园、锦绣中华园等。

江苏礼制建筑中的六合文庙、江阴文庙、吴江文庙等文庙建筑可以采用这种模式，文庙作为儒家文化的代表性建筑，可以借助于文庙，融入儒家思想，保护修缮原有建筑，打造集研学游一体化的儒家文化主题公园。

在儒家文化主题公园建造书院建筑、儒家文化长廊、儒家人物雕塑、碑林石刻、楹联等，以景观园林为载体，借助于当地的自然风貌、山水风光、植物配置等要素，将儒家文化融入到公园中，通过举办儒家文化节来提高文化园的知名度。

3. 特色文化体验馆

特色文化体验馆是将文化特色融入到建筑中，形成一个既有有文化内涵，又能适应现代人休闲娱乐的区域，它主要是提供文化交流和作品展示的个性化需求。

选择一些自然环境优美的乡村宗祠，依托良好的生态环境和深厚的历史文化底蕴，打造休闲文化特色馆。馆内开设书吧，以展现乡村传统文化的图书为主，推广乡村全民阅读，重点展现乡村礼制建筑、历史遗存、民俗文化、传统手工技艺等，一方面为村民带来阅读便利，另一方面为青年人提供文化交流的场所。定期在馆内举行学术沙龙和读书节活动，举行读书征文和经典诵读活动，举办大型全民阅读大赛，将其打造成为一个集人文讲座、民俗文化、文化创意于一体的特色文化体验馆。

4. 民俗文化展示馆

民俗文化展示馆是利用自然景观资源、历史文化资源、民俗文化资源等设立的以展示地方文化特色为目的，一般是把民间节庆、民间手工技艺、民间音乐歌舞、民俗活动等予以展现。

依托礼制建筑开辟民俗文化展示馆，将江苏非物质文化遗产予以动态呈现，开辟非遗展示馆，聘请一些工匠在馆内从事传统手工技艺制作，将乡村具有代表性的传统文化予以呈现，将非遗与文化创意相结合，制作民俗文化纪念品、非遗艺术品等，让乡村传统文化得以活态传承，使礼制建筑遗产能够发挥其社会效益，实现其经济价值。

（四）江苏礼制建筑遗产保护与发展现状

江苏一向重视礼制建筑的保护，先后制定出台了一系列法律法规。一些礼制建筑被纳入全国重点文物保护单位，如常熟言子祠、吴江盛泽先蚕祠、苏州文庙、洑溪徐氏宗祠、泰伯庙、惠山镇祠堂等，这些礼制建筑都得到了保护修缮。对于宗祠建筑，各地都采取了积极有效的保护方式，一些保存现状较好、价值重大的宗祠建筑被列入各级文保单位，并对外开放。

2006年6月，惠山古镇祠堂群被列入全国重点文物保护单位。2008年之后，无锡市政府启动了惠山古镇祠堂的修复工作，专门成立了无锡市惠山古镇历史文化街区保护性修复工程领导小组办公室先后修复了王武愍公祠、顾洞阳祠、陆宣公祠、杨藕芳祠等多座祠堂。2012 年 11 月，无锡惠山祠堂群入围《中国世界文化遗产预备名单》。2013 年 6 月，无锡市人民代表大会常务委员会通过了《关于加快推进无锡惠山祠堂群申报世界文化遗产工作的决议》。2018 年 1 月，无锡惠山古镇在内的 14 个江南水乡古镇将联合申报世界文化遗产。

（五）江苏礼制建筑遗产保护与发展存在的问题

1. 缺乏长效监管机制，保护体系不够系统科学

各地对于礼制建筑保护发展不均衡，有的地方对于一些高等级文保单位进行了重点保护，安排专人进行管理，并且定期对其保护修缮。对于一些非文保单位的礼制建筑保护相对不足，一些礼制建筑处于自行管理状态，一些礼制建筑长期无人看管，导致破败不堪，甚至出现倒塌。

有的地方虽然进行了保护修缮，但是没有坚持"修旧如旧"的原则，拆毁了原有建筑，取而代之是一些仿古建筑，破坏了古建筑的原真性。

由于对礼制建筑保护重要性的宣传不到位，一些民众缺乏文物保护意识，不知道主动去保护和利用好礼制建筑。对于礼制建筑一般都是由所在地村委管理，管理力量较为薄弱，无法进行有效管理，未制定专门的管理办法，也没有安排专人进行看管。

2. 资金来源结构单一，尚未构建多元融资体系

目前对于一些各级文保单位的礼制建筑有专项文保资金，对于国家级和省级文保单位来说，专项保护资金较为宽裕，足够维持其日常修缮保护。但是大多数礼制建筑由于保护等级较低，一般都是地方出资进行保护，政府没有投入太多的资金。

礼制建筑中产权归属政府的，政府部门会负责拨款修缮，聘请专家进行技术指导，安排专人管理。而对于大多数礼制建筑来说，它们属于集体或者私人产权，这些礼制建筑的保护修缮只能由其自行募集资金，缺乏足够的经济实力，因此会导致保护资金的不足。

有的地方利用礼制建筑进行开发利用，作为旅游景点对外开放，收取一定费用来弥补保护资金的不足。但是没有形成多元化投资模式，未形成长效投融资保护机制，也没有引入专业的旅游公司进行开发，因此无法获得足够的保护资金。

3. 品牌塑造显性不足，缺少全新业态开发思路

目前江苏礼制建筑中进行开发利用的较少，一部分由当地居民管理的礼制建筑没有对外开放，供宗族祭祀之用；一部分属于集体所有的被改造成为村民活动中心、图书室、展览馆等。

苏南一些自然风光秀丽的乡村对礼制建筑进行了开发利用，有的改造成为民宿或饭店，有的改造成为办公室等。但是整体来说，活化利用方式较为单一，没有引进新业态的开发利用模式。

一些礼制建筑在旅游开发中未与其他景点串联一起，缺少系统性开发，彼此之间没有形成呼应性，也没有规划出合理的旅游线路，整体开发质量不高，没有形成规模化开发，从而造成其旅游的吸引力不高，缺少吸引眼球的亮点，影响旅游品牌的塑造。

4. 文旅融合不够深入，尚未彰显礼制文化魅力

礼制建筑蕴含着丰富的礼制文化内涵，是中华优秀传统文化与中国传统建筑的融合发展的产物，要求保护利用时需要深入挖掘礼制文化内涵，彰显礼制文化独特魅力。

一些地方在开发旅游时没有深入挖掘文化内涵，没有将礼制建筑的伦理道德理念、人文精神融入现代生活中，开发时只注重物质层面的礼制建筑形态和格局，没有研究非物质层面的礼制文化，对于礼制文化的总体研究不够深入。

礼制建筑受到礼制文化的影响，在建筑形态、空间布局等方面呈现出传统文化的伦理道德观念，经过长时间的发展演化成当地的民风民俗，影响着当地居民的生活方式。而这些非物质形态的礼制文化没有充分挖掘，也没有将其融入到现代生活方式中。

（六）江苏礼制建筑遗产保护与发展的对策

1. 建立健全保护机制，提高部门协同合作效率

江苏礼制建筑保护中要注重保护真实的社会环境和原生态的生活方式以及礼制文化的传承，对于一些价值重大的礼制建筑要加强重点保护，将更多的礼制建筑纳入到各级文保单位名录，推动重大礼制建筑整体申报世界文化遗产。

加强组织领导，建立健全江苏礼制建筑保护机制。政府要注重引导社会参与保护，制定科学合理的指导思想和保护方针，运用各种手段进行保护。加强各部门之间的紧密合作，做好江苏礼制建筑的调查工作，充分挖掘礼制

文化资源，突出地域特色，将礼制文化与乡村传统文化有机结合，发挥礼制建筑的教化作用，把礼制建筑打造成为乡村传统文化的传播基地，采用乡村博物馆、展览馆、文化馆等形式，充分发挥礼制建筑的积极作用，注入乡村文明元素，使其成为传承优秀传统文化的重要场所。

遵循科学合理的开发利用原则，研究礼制建筑蕴含的经济和旅游价值，将其转化为旅游产品，做好旅游项目的规划工作，提高各部门协同合作效率。聘请专业规划人员和高校研究人员对礼制建筑进行系统分析，研究制定科学合理的保护利用规划，推动保护规划有效的实施。

2. 扩大资金投入渠道，探索多元融资发展模式

加大投融资力度，多渠道募集礼制建筑保护资金，积极申报各项政府专项文物保护资金，争取国家对礼制建筑保护资金的投入。地方政府要根据礼制建筑的价值和等级进行分类保护，对一些价值重大、等级高的礼制建筑要加大保护资金投入，对一些价值较低的礼制建筑引入社会资金，形成政府和社会力量的合力。政府要专门设立礼制建筑专项保护基金，鼓励社会力量为礼制建筑保护捐助资金，拓宽礼制建筑的投融资渠道。

政府要加大招商引资的力度，募集社会资金参与到礼制建筑保护中，运用股份制合作模式，让民营资本占到一定份额，提高保护资金的募集力度。对于一些保护等级低的礼制建筑，可以采取转让的方式，给予社会力量特许经营权，允许他们从事符合法律法规的开发利用。

针对作为文保单位的私人产权礼制建筑，政府在不改变私人产权的前提下，可以采取房屋置换等方式，统一对其进行保护管理，实行统一的开发运营。对于私人产权的非文保单位的礼制建筑可以允许所有者以房屋入股参与开发经营，旅游公司与所有者签订合作协议，给予所有者一定的股份，按照股份参与分红，让所有者成为经营者，从而调动他们的积极性。

3. 拓宽遗产社会功能，传承延续礼制文化血脉

积极探索多样化的开发利用模式，拓宽礼制建筑社会功能。根据不同礼制建筑提出不同的开发利用模式，以礼制建筑原真性和功能多样性为原则，构建礼制建筑活化利用的保护模式。

一是采用礼制文化展示模式，对于一些历史价值重大、文化底蕴深厚的礼制建筑可以采取这种模式，保持其原真性和整体性，通过文化表演和文物展示的方式来进行礼制文化传播，定期举办文化节，邀请专家学者讲述礼制文化，扩大礼制建筑的影响力。

二是拓展礼制建筑的文化功能，打造现代公共文化空间。完善礼制建筑

的空间布局，将其与公共文化服务结合，作为公共文化设施，开展图书阅读、体育健身等活动，纳入到公共服务体系，延续礼制建筑的社会功能。

三是丰富礼制建筑的艺术内涵，将其打造成为手工艺术展示中心。在礼制建筑中举办手工艺术品的展示和营销，让民间手工艺人参与其中，通过现场制作手工艺品来弘扬地方文化，鼓励文化艺术工作者入驻，创作与礼制建筑相关的文艺作品。

四是将现代信息技术引入到礼制建筑的空间展示中，通过媒体和网络宣传礼制建筑蕴含的礼制文化，举办网上礼制文化研习会，以数字化方式展现礼制建筑。采取短视频等现代传媒手段展示礼制建筑，增加可视化服务平台，全方位、多角度的展示礼制建筑。

4. 深入挖掘文化内涵，彰显礼制文化独特魅力

礼制建筑蕴含着礼仪文化，符合社会主义核心价值观内容，因此要深入挖掘文化内涵，宣传中华优秀传统文化，将爱国主义融入到礼制文化中，将其与礼制建筑保护结合起来，借助于礼制建筑，积极宣传礼制文化和社会主义核心价值观，提升礼制文化独特魅力。积极挖掘礼制文化内涵，对礼制建筑相关的人物的优秀事迹和优良品格进行收集整理，以文字、图片、影像等手段进行记录，形成丰富的宣传内容。

做好礼制建筑的旅游开发，将礼制建筑与当地自然资源、人文资源等整合在一起，结合当地文化特色，规划建设礼制文化一条街，设计礼制文化教育旅游线路。对原有的礼制建筑加大保护利用力度，保存原有的文化特色和内涵，注重将礼制建筑融入到文化旅游中，利用文化与旅游融合发展的契机，积极汲取礼制文化特色元素，创新礼制建筑开发模式，适度开发文化旅游项目。

充分发挥区域优势，将区域中各种资源有机整合在一起，联动开发各种旅游资源，打造区域特色礼制文化旅游品牌，深入研究礼制建筑空间布局的特点，将礼制建筑与其它资源串联成多条旅游线路，促进区域文化旅游协同发展。

第七章

江苏民居建筑遗产

　　江苏独特的自然环境和人文历史造就了与众不同的地域文化，江苏民居建筑受到地域文化的影响，在发展过程中集聚了劳动人民智慧的结晶，呈现出别具一格的韵味。江苏民居建筑保护与发展工作是为了延续中国传统建筑文化，传承和创新发展民居建筑。

一、江苏民居建筑遗产概况

　　江苏民居建筑由于具有特殊的历史地位，受到诸多因素影响，形成了独具特色的典型性特征。从其分布上来看，江苏民居建筑中有名人故居，也有普通民居，这些民居建筑从建筑形态和建造格局上都呈现出中国传统建筑文化的典型性特征。本书主要针对江苏民居建筑遗产中名人故居进行深入研究，探讨其保护与发展的路径及策略。

（一）江苏名人故居分布情况

　　本书选取了江苏省 126 处名人故居进行研究，从地域上看，南京 11 处，苏州 36 处，无锡 35 处，常州 25 处，镇江 3 处，扬州 3 处，泰州 1 处，南通 4 处，徐州 1 处，淮安 1 处，盐城 5 处，连云港 1 处。从保护等级上看，全国重点文物保护单位 12 处，省级文保单位 50 处，市县级文保单位 64 处。从名人类型上来看，名人故居形式多样，有政治、经济、文化、科技等。

表 7-1　江苏名人故居一览表（部分）

序号	名称	时代	文保级别	所在地区
1	周恩来故居	清	全国重点文保单位	淮安市
2	甘熙宅第	清	全国重点文保单位	南京市
3	柳亚子故居	民国	全国重点文保单位	苏州市
4	俞樾旧居	清	全国重点文保单位	苏州市
5	秦邦宪旧居	清	全国重点文保单位	无锡市
6	薛福成故居	清	全国重点文保单位	无锡市
7	徐霞客故居	明	全国重点文保单位	无锡市
8	刘氏兄弟故居	清	全国重点文保单位	无锡市
9	阿炳故居	清	全国重点文保单位	无锡市
10	瞿秋白故居	清	全国重点文保单位	常州市
11	张太雷故居	清	全国重点文保单位	常州市
12	朱自清故居	民国	全国重点文保单位	扬州市
13	杨廷宝故居	民国	省级文保单位	南京市
14	刘芝田故居	清	省级文保单位	南京市
15	程先甲故居	清	省级文保单位	南京市
16	秦大士故居	清	省级文保单位	南京市
17	童寯住宅	民国	省级文保单位	南京市
18	张佩纶宅	清	省级文保单位	南京市
19	魏源故居	清	省级文保单位	南京市
20	潘世恩宅	清	省级文保单位	苏州市
21	章太炎旧居	民国	省级文保单位	苏州市
22	蔡少渔旧宅	清、民国	省级文保单位	苏州市
23	冯桂芬故居	清	省级文保单位	苏州市
24	陈去病故居	清	省级文保单位	苏州市
25	严讷宅	明	省级文保单位	苏州市
26	叶楚伧故居	民国	省级文保单位	苏州市
27	吴晓邦故居	民国	省级文保单位	苏州市
28	宋文治旧居	现代	省级文保单位	苏州市
29	王淦昌故居	清	省级文保单位	苏州市
30	薛汇东住宅	民国	省级文保单位	无锡市
31	钱钟书故居	民国	省级文保单位	无锡市
32	荣德生旧居	民国	省级文保单位	无锡市
33	顾毓琇故居	清	省级文保单位	无锡市
34	姚桐斌故居	民国	省级文保单位	无锡市
35	华氏兄弟故居	清	省级文保单位	无锡市
36	华绎之故居	清	省级文保单位	无锡市

（续表）

序号	名称	时代	文保级别	所在地区
37	陆氏宅（陆定一祖居）	清	省级文保单位	无锡市
38	李金镛宅	清	省级文保单位	无锡市
39	陆定一故居	清	省级文保单位	无锡市
40	张闻天旧居	民国	省级文保单位	无锡市
41	孙冶方故居	清	省级文保单位	无锡市
42	薛暮桥故居	清	省级文保单位	无锡市
43	祝大椿故居	清	省级文保单位	无锡市
44	唐荆川宅	明	省级文保单位	常州市
45	管干贞故居	明	省级文保单位	常州市
46	赵元任故居	清	省级文保单位	常州市
47	吕宫府	清	省级文保单位	常州市
48	恽鸿仪宅	清	省级文保单位	常州市
49	吕思勉宅	清	省级文保单位	常州市
50	盛宣怀故居	清	省级文保单位	常州市
51	巢渭芳故居	清	省级文保单位	常州市
52	史良故居	清	省级文保单位	常州市
53	李公朴故居	清	省级文保单位	常州市
54	李可染故居	清	省级文保单位	徐州市
55	宋曹宅	清	省级文保单位	盐城市
56	卢秉枢故居	民国	省级文保单位	盐城市
57	罗聘宅	清	省级文保单位	扬州市
58	胡笔江故居	民国	省级文保单位	扬州市
59	张云鹏旧居	民国	省级文保单位	镇江市
60	赵伯先故居	清	省级文保单位	镇江市
61	赛珍珠故居	清	省级文保单位	镇江市
62	单毓华故居	清、民国	省级文保单位	泰州市
63	徐建寅故居	清	市县级文保单位	无锡市
64	王莘故居	民国	市县级文保单位	无锡市
65	沈瑞洲故居	民国	市县级文保单位	无锡市
66	董欣宾故居	清	市县级文保单位	无锡市
67	钱松嵒旧居	民国	市县级文保单位	无锡市
68	徐梦影故居	清	市县级文保单位	无锡市
69	钱穆旧居	民国	市县级文保单位	无锡市
70	钱伟长旧居	民国	市县级文保单位	无锡市
71	华君武祖居	清	市县级文保单位	无锡市
72	张卓仁旧居	民国	市县级文保单位	无锡市

（续表）

序号	名称	时代	文保级别	所在地区
73	张大烈故居	清	市县级文保单位	无锡市
74	金武祥故居	清	市县级文保单位	无锡市
75	巨赞法师故居	清	市县级文保单位	无锡市
76	吴文藻冰心故居	清	市县级文保单位	无锡市
77	周少梅故居	清	市县级文保单位	无锡市
78	上官云珠故居	清	市县级文保单位	无锡市
79	庄存与故居	清	市县级文保单位	常州市
80	赵翼故居	清	市县级文保单位	常州市
81	洪亮吉故居	清	市县级文保单位	常州市
82	庄蕴宽故居	民国	市县级文保单位	常州市
83	汤贻汾故居	清	市县级文保单位	常州市
84	孙慎行、孙星衍故居	明、清	市县级文保单位	常州市
85	冯仲云故居	民国	市县级文保单位	常州市
86	承越故居	清	市县级文保单位	常州市
87	王诤故居	清	市县级文保单位	常州市
88	黄仲则故居	明、清	市县级文保单位	常州市
89	李伯元故居	明、清	市县级文保单位	常州市
90	费伯雄故居	清	市县级文保单位	常州市
91	汤润之故居	清	市县级文保单位	常州市
92	赵丹故居	民国	市县级文保单位	南通市
93	李方膺故居	清	市县级文保单位	南通市
94	白雅雨故居	清	市县级文保单位	南通市
95	金沧江故居	民国	市县级文保单位	南通市
96	戈公振故居	清	市县级文保单位	盐城市
97	黄逸峰故居	清	市县级文保单位	盐城市
98	郝柏村故居	民国	市县级文保单位	盐城市
99	邓子恢旧居	民国	市县级文保单位	南京市
100	曾静毅故居	清	市县级文保单位	南京市
101	傅抱石故居	民国	市县级文保单位	南京市
102	李根源故居	民国	市县级文保单位	苏州市
103	沈德潜故居	清	市县级文保单位	苏州市
104	吴梅故居	清	市县级文保单位	苏州市
105	叶圣陶故居	民国	市县级文保单位	苏州市
106	顾颉刚故居	民国	市县级文保单位	苏州市
107	苏州盛宣怀故居	清	市县级文保单位	苏州市
108	吴振声故居	民国	市县级文保单位	苏州市

（续表）

序号	名称	时代	文保级别	所在地区
109	唐寅故居遗址	清	市县级文保单位	苏州市
110	舒适旧居	民国	市县级文保单位	苏州市
111	叶天士故居	清	市县级文保单位	苏州市
112	许乃钊旧居	清	市县级文保单位	苏州市
113	袁学澜故居	清	市县级文保单位	苏州市
114	尤先甲故居	清	市县级文保单位	苏州市
115	陆润庠故居	清	市县级文保单位	苏州市
116	杨天骥故居	清	市县级文保单位	苏州市
117	王绍鏊故居	清	市县级文保单位	苏州市
118	秦东园故居	清	市县级文保单位	苏州市
119	翁心存故居	清	市县级文保单位	苏州市
120	曾朴故居	清	市县级文保单位	苏州市
121	庞薰琹故居	清	市县级文保单位	苏州市
122	杨沂孙故居	清	市县级文保单位	苏州市
123	李雷故居	清	市县级文保单位	苏州市
124	胡石予故居	清至民国	市县级文保单位	苏州市
125	陈三才故居	清	市县级文保单位	苏州市
126	刘少奇旧居	民国	市县级文保单位	连云港市

1.周恩来故居

周恩来故居,位于淮安市淮安区驸马巷7号,现为全国重点文物保护单位。周恩来故居青砖灰瓦,古朴典雅,是典型的明清时期苏北民居,分东、西两院和后院。（图7-1）

图7-1　周恩来故居

2. 瞿秋白故居

瞿秋白故居位于常州市钟楼区延陵西路，原为清光绪年间瞿秋白的叔祖父瞿赓甫捐资修建的私家祠堂，是瞿氏大家族供奉和祭祀祖宗的宅院，面积约1051平方米，现为全国重点文物保护单位。（图7-2）

图7-2　瞿秋白故居

3. 张太雷故居

张太雷故居位于常州市清凉路子和里，为一座两进三开间木结构江南民居建筑，现为全国重点文物保护单位。故居中路建筑现为复原陈列，边路建筑开放为生平事迹展览。（图7-3）

图7-3　张太雷故居

4. 甘熙宅第

甘熙宅第是清代方志学家甘熙故居，位于南京市秦淮区，始建于清朝嘉庆年间，占地面积近一万平方米，建筑面积约八千平方米，共有三百多间房屋。是南京现存规模最大、形制最完整的古民居建筑，现为全国重点文物保护单位。在此基础上建成南京市民俗博物馆、南京非物质文化遗产馆。（图7-4）

图7-4　甘熙宅第

5. 薛福成故居

薛福成故居位于无锡市梁溪区，始建于清朝，是清朝外交家、资产阶级维新派代表人物薛福成的宅第，现为全国重点文物保护单位。占地总面积21000平方米，现恢复12000平方米，修复建筑面积6000余平方米。中轴线前后共6进，由门厅、轿厅、正厅、房厅以及转盘楼等组成，另有藏书楼、东花园、后花园、西花园等。^①（图7-5）

图7-5　薛福成故居

_____

① 薛福成故居简介 [EB/OL]. 薛福成故居网站 http://www.wxxjhy.cn/about/.

（二）江苏名人故居的价值

1. 历史价值

名人故居记录了历史人物的真实活动，体现了历史人物在某一时期生活过的物质环境。深入研究名人故居，可以为研究名人生平事迹提供历史佐证，补充史料研究的不足。

周恩来同志故居是周恩来青年时生活的物质载体，记录着他的成长历程，从他童年用过的书桌和生活用品等，可以看得出他简朴的优良作风。从故居的建筑形态来看，属于典型的明清时期苏北民居建筑风格，对于研究苏北民居具有重要的历史价值。

位于南京六合竹镇的邓子恢旧居是邓子恢在抗日战争期间任新四军津浦路东各县联防办事处主任时的办公地点和居住地，他在这里研究作战部署，指挥新四军与日军作战，真实记录了新四军抗战历史。

2. 文化价值

名人是文化的载体，名人的思想学说、名人的人格品质、名人的影响力、名人的精神等是地方文化特征的集中表现和重要体现，它是中华传统文化的精华部分，其丰富的文化内涵是珍贵的资源。

名人故居是名人文化的物质载体，名人故居承载着名人的精神内涵，它是地方文化特征的集中体现。在故居中可以感受到名人的人格魅力，回忆起他们的言论思想，提升自我情操。名人精神是城市精神的本质，名人故居是城市文化的重要组成部分，蕴含的丰富内涵可以提升城市的文化品质，提高城市文化品牌竞争力。

常州文化名人众多，如庄存与、赵翼、洪亮吉等，他们都是常州文化学派的代表人物，他们的学术造诣深厚，留下了大量的经典巨著，为后世今文经学的多元发展奠定了基础。

3. 科学价值

名人故居的科学价值主要指的是其建造技艺的科学性，它是一定时期名人故居建造水平的集中反映，体现着名人故居精湛的建造技艺。这些名人故居在选址、布局、材料、装饰等方面都是经过精心设计的，可以为建筑科技史提供参考资料。

无锡薛福成故居建筑特色明显，具有典型的时代特征，整体建筑设计体现着中式和西式混合的风格，空间布局规整，分区功能划分科学，中式建筑为江南民居建筑风格，西式建筑是欧洲巴洛克式风格，体现着西学东渐的特征。南京杨廷宝故居是建筑大师杨廷宝自己设计建造而成，整体设计巧妙，简朴紧凑，虽然占地面积小，但是功能齐全，可谓是大师力作。

4. 艺术价值

名人故居艺术价值主要体现在它的建筑艺术性，它的整体设计体现着人与环境的和谐，门窗及内部装饰设计巧妙，具有较高的艺术感。名人故居在建造时就体现其独特的艺术感，从选址布局、材料选用、装饰风格等可以看出是具有审美价值，在名人故居内的装饰品也同样是代表着高超的艺术水平，如一些壁画、雕塑、碑刻等，都在一定程度上体现了鲜明时代特征的艺术风格。

甘熙故居融合了江南民居和徽派建筑的特征，运用了木雕技艺，在梁架上雕刻了精美的图案，有花草树木和虫鱼鸟兽，这些图案造型精致，体现了江南传统建筑营造技艺的高超建筑艺术。墙面装饰造型雅致，镶嵌了梅兰竹菊图案，体现着诗意的艺术风格。

5. 教育价值

名人在其领域都是具有一定权威的人物，他们代表着某一领域的最高水平，所取得的成绩受到后人尊崇，是后人学习的楷模。名人故居承载着名人的精神，是名人精神的传承与弘扬，利用名人故居宣传名人精神，可以发挥其教育作用。

周恩来、瞿秋白、张太雷等革命领导人故居则是他们为了革命奋斗的真实写照，他们的革命精神在故居中有所体现，从他们居住的房间和使用过的物品我们可以感受到他们的思想，这些革命领导人代表着为人民服务的无私形象，需要我们去传承和弘扬他们的革命精神。

很多名人故居都作为爱国主义教育基地，被改造成为博物馆、纪念馆等对外开放，成为加强民众革命传统教育和爱国主义教育的重要场所。

二、江苏名人故居保护与发展

（一）保护与发展的成功模式

1. 法国"名人故居标识"

法国历来重视历史建筑保护工作，针对名人故居专门推出了"名人故居"标识。① 具体来说就是采取申请审核制，凡是符合申报资格的可以准备相关资料提交给当地主管部门审核，通过后再提交到国家主管部门进行评审。每

---

① 聚焦海外名人故居：保护有道 挂牌不易 [EB/OL]. http://culture.people.com.cn/n/2014/0605/c1013-25108004.html.

五年对这些名人故居进行复核，复核通过继续持有"名人故居"标识，复核不通过取消资格。

法国名人故居标识对名人故居起到了积极作用，一大批名人故居得到了较好的保护利用。其中包括巴黎周恩来故居、雨果故居等。这些名人故居被改造成为旅馆、博物馆、纪念馆等，通过政府的保护管理，使其发挥一定的价值。

2. 英国"蓝牌制"

英国对于名人故居的保护尤其重视，先后制定出台了一系列的保护政策，早在 19 世纪就探索出"蓝牌制"名人故居保护制度。[①]英国专门成立蓝牌委员会，负责英国名人故居的蓝牌发放工作，名人故居蓝牌发放对象首要条件必须是去世 20 年或百年以上诞辰。

对于授予蓝牌制的名人故居，政府实行严格的保护，禁止一切破坏行为，在修缮名人故居时须向管理部门提出申请，并在管理部门的专业指导下方可进行。蓝牌制的实施对于英国名人故居保护起到了积极作用，目前已经有近千个名人故居被授予蓝牌，其中大部分都是没有改造成为纪念馆或者博物馆的，这些名人故居只是在日常使用中进行维护，定期修缮，发挥了名人故居的居住功能。

3. 日本名所旧迹

日本在 1950 年颁布《文化财保护法》，把日本名所旧迹（名人故居）明确纳入法律保护范围[②]。日本的名所旧迹主要由国家、地方和社会三种机制管理。国家文化部门对被列入保护等级的名人故居实行重点保护，由国家和地方共同来负责管理，对这些名人故居实行挂牌保护，让公众了解名人故居的重要性。设立专门的机构对名人故居进行管理，安排专门的警卫人员负责名人故居的保护，对破坏名人故居的行为予以严惩。

在实施修缮保护过程中遵循修旧如旧的原则，注重保持名人故居的原真性，不去破坏其历史真实性。在名人故居中设置一些放映设施，将名人故居相关的历史信息如名人生平事迹、名人奇闻轶事等通过影像向公众介绍。制作专门的名人相关的纪念品，开辟专门区域对这些名人纪念品进行销售，通过名人纪念品来加深人们对名人的认识度。

---

① 聚焦海外名人故居：保护有道 挂牌不易 [EB/OL]. http://culture.people.com.cn/n/2014/0605/c1013-25108004.html.

② 成志芬. 北京旧城区名人故居保护与利用研究 [D]. 首都师范大学, 2007.

（二）江苏名人故居保护与发展的原则

1. 真实性原则

江苏名人故居是名人真实生活的见证，反映着名人的成长历程。坚持真实性原则就是要保护名人故居的历史原貌，不去破坏其建筑本体的真实性，真实再现名人生活原状，延续真实的历史脉络，体现真实的名人文化。

在加强名人故居保护过程中，需要保持名人故居主体建筑原状，整体空间布局要保持原有的形状，在修缮保护中要坚持修旧如旧，不去破坏其原有的真实性。在进行纪念馆陈设展览时要注意还原物品的原状，保留真实的历史信息，使其得到真实的还原。

2. 整体性原则

名人故居是一个整体的建筑群，不仅包含着建筑本体，还包含与之相关的周边环境，共同构成了一个完整的名人故居。在加强保护中需要注重保持建筑结构的完整性，对于名人故居整体结构要加强巩固措施，确保其完整性不被破坏。

名人在故居生活过程中，与周边环境形成了完整的氛围。对于名人故居周边的环境也要加强保护，设立名人故居的保护范围，对于名人故居格局不相符的周边建筑进行整治，确保周边环境与名人故居保持一致性，形成名人故居的系统、整体的保护理念。

3. 文化传承原则

江苏名人故居是重要的文化遗产，具有传承文化的功能。名人故居是名人文化的真实体现，蕴含着名人文化的精神内涵。在保护名人故居时要坚持文化传承原则，深入挖掘名人文化精髓，将他们与现实文化有机结合，在传承中发展，形成名人文化传承体系。

名人故居和所在区域的文化息息相关，一定程度上也反映出地域文化的深厚底蕴，需要将名人故居文化与当地人文历史结合起来，尊重当地的地域文化特色，寻求地域文化保护传承的路径，形成特色名人文化旅游产品，实现名人文化旅游的特色开发。

4. 创新发展原则

名人故居在保护利用中需要坚持创新发展原则，要在不断的实践中创新发展，使名人故居能够形成独特的魅力，保持长久不衰的生命力。要不断创新名人故居的开发模式，采用多种模式对其进行保护，既要坚持全面保护，也要进行分级分类保护。

对一些非文保单位名人故居可以进行保护模式创新，不必拘泥于传统保护模式，探索在传统保护模式中融入现代技术，对其进行适度改造，将其改造成为公共文化空间，使之可以更好适应现代社会需要，实现名人故居创新性发展。

（三）江苏名人故居保护与发展的模式

1. 名人旅游区

名人旅游区是将名人故居和其他旅游资源整合在一起，根据不同资源的特色，根据各个历史风貌区的文化内涵特色，有侧重点地发展各个历史风貌区内名人故居的旅游开发主体项目。

孙冶方故居、薛暮桥故居位于无锡惠山区礼社村，为典型的明清及民国时期的江南水乡民居。礼社村自然环境优美，五牧运河由南向北贯穿，具有良好的生态条件，拥有多个现代化生态农业园。礼社村民俗文化资源丰富，拥有玉祁龙舞、马灯舞、凤舞以及礼社庙会等省市级非物质文化遗产。（图7-6）

以礼社老街为中心，依托大运河观光带和现代农业科技园，结合名人故居、自然资源、民俗资源，开发生态农业观光、民俗文化体验等旅游项目，形成多元业态发展的名人旅游区。

图7-6 无锡孙冶方故居和薛暮桥故居

2. 名人商贸区

名人商贸区是把名人故居和商贸资源相结合，利用区域内的名人故居、名人纪念馆、名人博物馆等，在商贸街区布置一些名人纪念性建筑，如名人塑像、碑刻等，打造以名人文化为主题的商贸区。

常州前后北岸历史文化街区走出了多位进士，至今留有管干贞故居、藤花旧馆、吕公府、赵翼故居、汤润之故居等名人故居。前后北岸历史文化街区位于文化馆商圈，周边商贸中心林立，周边拥有众多大型商场。可以借助于繁华商圈打造名人商贸区，在街区中心位置建设名人塑像或者画廊，宣传名人的生平事迹，利用名人故居打造博物馆，展示前后北岸独特的历史文化内涵。将常州梳篦、乱针绣、常州锡剧等非遗艺术引入到街区，在街区进行展示民间艺术，打造具有地域文化特色的名人商贸区。

3. 名人主题区

名人主题区是以名人为主题，依托名人故居，采用现代科技手段来规划设计，展示名人生平事迹，将自然资源、人文资源、历史遗存等有机融合，打造集名人文化、休闲旅游、文化教育等功能于一体的主题区。

选择一些文化名人为主题，以名人故居为依托规划设计名人主题区。围绕传统文化和艺术文化来设计主题区，分为书法展示区、绘画展示区、家风家训展示区等，旨在传承和弘扬中国传统文化。

以文化名人的成长历程为主线，借助于自然景观和人文景观，利用地形地貌以及园林植物构造景观布局，融入雕塑艺术元素，优化主题区的文化功能，使其成为地区文化标志。

（四）江苏名人故居保护与发展现状

江苏省名人故居大部分得到了开发利用，很多名人故居经过了修缮保护，改造成为博物馆、纪念馆、陈列馆等，发挥了名人故居的教育作用。名人纪念馆有周恩来纪念馆、瞿秋白纪念馆、张太雷纪念馆、秦邦宪纪念馆、柳亚子纪念馆、朱自清纪念馆、顾毓琇纪念馆等，陈列馆有何振梁与奥林匹克陈列馆、姚桐斌故居陈列馆等，博物馆有南京民俗博物馆（甘熙故居）等。一部分名人故居被开发成为旅游景区，如章园（章太炎故居）、薛家花园（薛福成故居）、怡老园（王鏊故居）、桃花坞（唐寅故居）、阙园（李根源故居）等。

无锡市专门成立了名人故居文物管理中心，对全市名人故居进行保护、修缮和管理，据不完全统计，无锡市名人故居中有八十多处被列入各级文保单位，专门出版了《无锡市名人故居宅园综录》。

常州市依托常州三杰纪念馆成立了常州名人故居管理中心，对瞿秋白故居、张太雷故居、恽代英纪念馆、吕思勉故居、洪亮吉故居、黄仲则故居等进行保护和管理，通过举办形式多样的活动，吸引了大批观众前来参观，大力提升了名人故居的影响力。

（五）江苏名人故居保护与发展存在的问题

1. 保护主体不够一致，重视程度有待加强

目前全省名人故居保护工作发展不均衡，一些列入各级文保单位的名人故居得到了重点保护，而尚未成为各级文保单位的名人故居相对来说重视程度不够。

目前名人故居的保护主体不一致，有些名人故居属于文保部门直接管理，有的属于私人产权。对于一些政府部门管理的名人故居，保护工作较好，一般都是政府统一修缮保护。

一些私人产权的名人故居保护管理相对不足，缺乏有效的保护措施。如位于南京沈举人巷的张治中公馆在 2005 年出售之后，产权人进行了大规模改造，两栋楼几乎被拆除，历史建筑遭到重大破坏，后被文物部门责令恢复原状，导致文物建筑的原真性被破坏。①

在早先的城市建设中也有一些名人故居遭到了拆除，淮安市清浦区在 20 世纪末到 21 世纪初的小区开发建设中，拆除了陈白尘故居、谢铁骊故居、李一氓故居、王叔相故居等十多处。②

2. 宣传方式创新不足，传播效能发挥不佳

目前，江苏省名人故居一般都是采取了纪念馆、博物馆等开发模式，尚未采取多样化的开发模式。已经开发的名人故居主要是纪念馆形式进行开放，一般纪念馆都是简单陈列名人相关展品，没有形成动态的宣传方式。从一些网站宣传来看，传播方式较为单一，只有运用传统的媒介传播方式，没有将现代媒体技术融入其中。很多名人故居没有运用 AR、VR 视觉技术进行传播，也较少在一些视频网站发布官方的宣传片，没有形成专业权威的传播渠道。

目前只有少数名人故居开办了专门网站或者微博和微信公众号，大多数名人故居没有自己的专门网站或者公众号。没有形成多渠道的传播手段，导致传播范围受到限制，严重影响到传播内容的丰富度。

3. 文创融合创意不足，特色产品发展滞后

名人故居文化创意产品开发利用不够成熟，独特性和创新性不足，没有结合当前的科技、时尚元素，未能将非遗文化与名人文化有机结合，地方文化的独特性未能融入，没有形成名人故居文化创意产品的独特性和创新性，

---

① 只为能卖个好价钱 南京张治中公馆惨遭屋主拆除 [EB/OL]. http://www.chinanews.com/sh/news/2007/07-17/980664.shtml.

② 江苏淮安开发商盖楼名人故居被拆 塑雕像做补偿 [EB/OL]. http://news.sohu.com/67/85/news204378567.shtml.

有的地方虽然开发了文化创意产品，但是整体来说，创新性不足，开发的名人故居相关文创产品缺乏新颖性，很难吸引游客眼球。

从现有的名人故居旅游项目来看类型单一，大多以名人故居和纪念馆开发模式为主，这些纪念馆都是用来陈设名人物品供游客参观，馆内的摆设和展览较为单调。没有利用现代化的科技手段来反映名人的独特魅力，没有开发一些体验项目，名人文化旅游项目缺乏娱乐性和趣味性，难以形成较强的市场竞争力。

4.缺少区域统一规划，品牌竞争力有待提高

目前各地一般注重名人故居的开发数量，但对于名人内涵挖掘不够深入，没有形成名人文化品牌。一些地方只是利用名人故居着力打造名人纪念场馆，但是没有深挖名人思想内涵，没有形成独特的名人文化品牌。

有的地区名人故居的开发利用以单个为主，未能将同一区域的名人故居集中保护和联动开发，导致一些名人故居处于孤立保护、分散开发的状态，不能形成名人故居的集团效应。

名人故居的品牌影响力不大，名人文化品牌竞争力不强。一些名人故居未能和当地自然资源、人文资源等整合开发，也没有形成精品名人故居旅游线路，缺少整体性的名人故居旅游规划，难以提升区域名人文化品牌形象。

（六）江苏名人故居保护与发展的对策

1.建立健全保护机制，实现保护利用和谐发展

科学规划，合理统筹，对名人故居进行调查登记和价值评估，建立江苏省名人故居数据库，针对名人故居等级和价值制定相应的保护方案。重视法规建设，完善名人故居的法律法规，对名人故居的保护做出法律界定，将不属于文物保护单位的名人故居列入保护范围，对名人故居的保护修缮、构件保护、迁移保护等做出法律规定。严格执行名人故居保护的法律法规，对于故意破坏和买卖文物的行为予以严厉的制裁。

合理利用政策，在开发利用名人故居时遵循"保护为主，开发为辅"的原则，在政策允许的情况进行合理开发。保护开发模式多样化，一方面要以政府为主导进行开发，由政府出资修缮名人故居，完善基础设施，由政府统一管理，统一开发。另一方面要积极筹集社会资金，吸引外资投入到名人故居保护与开发上来，鼓励居民以名人故居入股，与开发公司共同出资修缮名人故居，开发旅游服务设施，打造商业旅游开发项目，实现名人故居保护与居民获利双赢。

2. 运用现代媒介手段，构建立体多样传播体系

大力实施名人故居品牌战略，打造国内外知名名人故居品牌。利用名人故居和名人纪念馆开设网上展馆，采用现代视觉媒体技术，运用高科技产品来打造名人网上纪念馆。在网上纪念馆设置专门的名人生平事迹、名人奋斗历程、名人相关的艺术作品等，将名人相关的优秀事迹改编成动漫或者游戏，通过这些现代的媒介进行传播。

在对名人故居传播时要注意把传统媒介和新媒体结合在一起，借助多样化的媒介形式进行传播，既要借助于报刊、杂志等传统媒体，又要运用现代媒体进行微传播。拍摄名人故居相关短视频、微电影等，将其上传在网络新媒体上进行传播，实现名人故居传播的交互性，提高名人故居的知名度。

开设名人故居微博和微信公众号，定期上传名人故居相关资料，举办名人故居摄影大赛或名人故事演讲大赛等，让公众提供参与名人故居的活动来了解到名人的精神内涵。

3. 开发文化创意产品，塑造品牌形象核心价值

大力开发名人文化创意产品，利用名人故居开展名人文化体验项目，打造名人 IP。围绕名人开发文创艺术品，把时尚元素和非遗元素融入其中，设计一些手工艺品和旅游纪念品，为游客提供具有新颖性的文化创意产品。

开发名人影视剧作品和演艺作品，推出一批展示名人优秀事迹的精品力作。用喜闻乐见的影视剧作品展现名人的奋斗历程，用生动活泼的动漫人物和语言展现名人的光辉形象。选择一些名人故居作为舞台剧拍摄地，挑选优秀的演员进行演出，可以结合名人相关的历史事件，编排名人相关的实景舞台剧。

通过开发旅游项目树立名人文化品牌，选择名人纪念馆中故事性较强和内涵丰富的展品进行文化创意开发，将展品背后的故事通过一些文创产品表达出来，如可以围绕革命名人的英雄事迹制作动漫系列，使其变得更为生动形象。

4. 深入挖掘精神内涵，提升名人故居的美誉度

名人文化的精神内涵具有很大的影响力，深入挖掘名人文化的精神内涵是彰显地方特色的重要内容。名人文化的精神内涵是名人在长期的生活过程中形成的思想，具有一定的独特性，挖掘名人文化内涵可以提高人们的思想境界。

根据不同的受众对象制定不同的旅游产品，充分挖掘名人文化的精神内涵，对名人文化旅游产品进行分类，对名人故居建筑风格和建筑特征感兴趣

的，可以设置名人故居建筑旅游项目。对于一些青少年学生，可以针对一些名人故居进行爱国主义教育宣传，将红色名人的革命事迹予以展示。对于文艺工作者，可以选择文化名人故居进行设置文化艺术品展览活动。对于老年群体，则可以根据其喜好设置一些故事情节，着重介绍名人相关的奇闻轶事。

名人故居在名人纪念日可以举办旅游节或者学术研讨会，制作一些宣传标语，印制名人形象照片，发布一系列的名人宣传片，通过多种角度来提高名人故居的知名度。

第八章

江苏教育建筑遗产

江苏自古以来教育事业发达，封建社会时期创办了多所书院，从书院中考取功名者无数，书院教育成为培养人才的重要场所，也留下了众多书院遗存。近代以来学校教育的兴起，江苏兴建了大批的近代学校，其中有大学，也有中小学，这些学校在培养人才方面发挥了重要作用。

一、江苏教育建筑遗产概况

江苏保留着众多教育建筑遗产，如东林书院、中央大学旧址、金陵大学旧址、江南贡院等，这些教育建筑遗产从一定程度反映了当时社会的教育概况，见证着当时的教育发展水平，对于研究中国教育史具有重要的价值。

（一）江苏教育建筑遗产分布情况

本书选取了江苏省 50 处教育建筑遗产进行研究，从地域分布上看，南京 11 处，苏州 7 处，无锡 12 处，常州 6 处，镇江 2 处，扬州 2 处，泰州 4 处，南通 1 处，徐州 4 处，淮安 1 处。从保护等级上看，全国重点文物保护单位 7 处，省级文保单位 19 处，市县级文保单位 24 处。

表 8-1　江苏教育建筑遗产一览表（部分）

序号	名称	时代	文保级别	所在地区
1	中央大学旧址	民国	全国重点文保单位	南京市
2	金陵大学旧址	民国	全国重点文保单位	南京市
3	金陵女子大学旧址	民国	全国重点文保单位	南京市

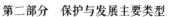

（续表）

序号	名称	时代	文保级别	所在地区
4	东吴大学旧址	清至民国	全国重点文保单位	苏州市
5	东林书院	明至清	全国重点文保单位	无锡市
6	学政试院	清	全国重点文保单位	泰州市
7	如皋公立简易师范学堂旧址	清	全国重点文保单位	南通市
8	江南贡院	宋－清	省级文保单位	南京市
9	江宁府学	清	省级文保单位	南京市
10	二泉书院	明	省级文保单位	无锡市
11	无锡县学旧址	明清	省级文保单位	无锡市
12	鸿模小学旧址	民国	省级文保单位	无锡市
13	安阳书院旧址	明清	省级文保单位	无锡市
14	匡村中学旧址	清.民国	省级文保单位	无锡市
15	华圻小学旧址	民国	省级文保单位	无锡市
16	私立尚仁初级商科职业学校旧址	民国	省级文保单位	无锡市
17	东坡书院	清	省级文保单位	无锡市
18	青墩寺小学旧址	清－民国	省级文保单位	徐州市
19	苏州美术专科学校旧址	民国	省级文保单位	苏州市
20	景海女子师范学校旧址	清－民国	省级文保单位	苏州市
21	江淮大学旧址	民国	省级文保单位	淮安市
22	梅花书院	清	省级文保单位	扬州市
23	宝应学宫	明清	省级文保单位	扬州市
24	崇实女中旧址	清.民国	省级文保单位	镇江市
25	培根师范旧址	民国	省级文保单位	镇江市
26	襟江书院	清	省级文保单位	泰州市
27	崇正书院遗址	明	市县级文保单位	南京市
28	惜阴书院旧址	清	市县级文保单位	南京市
29	私立鼓楼幼稚园旧址	民国	市县级文保单位	南京市
30	育群中学旧址	民国	市县级文保单位	南京市
31	南京高等师范学校附属小学旧址	民国	市县级文保单位	南京市
32	浦镇扶轮学校旧址	民国	市县级文保单位	南京市
33	萃英中学旧址	民国	市县级文保单位	苏州市
34	振华女子中学旧址	民国	市县级文保单位	苏州市
35	桃坞小学旧址	清、民国	市县级文保单位	苏州市
36	丝业公学旧址	民国	市县级文保单位	苏州市

（续表）

序号	名称	时代	文保级别	所在地区
37	南菁书院旧址	清	市县级文保单位	无锡市
38	公益中学旧址	民国	市县级文保单位	无锡市
39	胡氏公立蒙学堂旧址	民国	市县级文保单位	无锡市
40	逸仙中学旧址	清、民国	市县级文保单位	常州市
41	龙城书院遗址	明、清	市县级文保单位	常州市
42	安邦小学教学楼旧址	民国	市县级文保单位	常州市
43	东坡书院旧址	清	市县级文保单位	常州市
44	振声高等小学堂旧址	清	市县级文保单位	常州市
45	崇真女校旧址	民国	市县级文保单位	常州市
46	徐州艺术专科学校旧址	民国	市县级文保单位	徐州市
47	培正中学旧址	民国	市县级文保单位	徐州市
48	刘集车村私塾旧址	民国	市县级文保单位	徐州市
49	安定书院旧址	明、清	市县级文保单位	泰州市
50	温知女校旧址	清	市县级文保单位	泰州市

江苏书院始于北宋时期，明清时期达到鼎盛，各地兴建了大批的书院。这些书院完整保存至今的为数不多，现存主要有东林书院、江宁府学、安阳书院、东坡书院、梅花书院、龙城书院、襟江书院等。

东林书院位于无锡市，始建于北宋年间，由理学家杨时创建并在此讲学。明朝顾宪成、顾允成与高攀龙在原址修复重建，他们在书院教育学生，倡导学以致用的学风。

东林书院占地面积 13 000 平方米，建筑面积 2 800 平方米。现存书院大门、石牌坊、旗杆石、泮池、东林精舍、洛闽中枢、丽泽堂、依庸堂、燕居庙、三公祠、晚翠山房、来复斋、寻乐处、心鑑斋、东西长廊、小辨斋、再得草庐、时雨斋、道南祠、东林报功祠、正心亭等建筑。[①]（图 8-1）

梅花书院位于扬州，始建于明朝，为省级文保单位。梅花书院是扬州地区古老书院之一，现存有楠木厅、书楼、长廊等建筑，在此基础改造为扬州书院博物馆。（图 8-2）

襟江书院位于泰州泰兴市，始建于清朝，现为省级文保单位。主体建筑前后四进，从前往后在中轴线上分别为大门、重门、讲堂、文昌魁星楼。

---

① 书院览胜 [EB/OL]. 东林书院网站 . https://www.wxdlsy.com/wxdlsy/wxdlsy/sygk/syls/index.html.

图 8-1　东林书院

图 8-2　梅花书院

　　书院教育的繁荣，也带来科举考试的兴盛，各地为了举行科举考试，兴建了一些考试机构，如江南贡院、学政试院等。

　　江南贡院位于南京市，曾是当时最大的科举考试场所，后在江南贡院遗址基础上建立中国科举博物馆，展现中国古代科举文化的发展历史。（图 8-3）

　　学政试院位于泰州市，是清代扬州府属八县童生考秀才的试场，现为全国重点文物保护单位。学政试院现存建筑主要有头门和思补堂，建筑风格为清朝大木作官式建筑。（图 8-4）

　　洋务运动时期，洋务派代表纷纷创办新式学堂，将书院改为中小学，创办了大量的师范学堂，如南通市如皋公立简易师范学堂、苏州景海女子师范学校等。

　　如皋公立简易师范学堂旧址位于如皋市，现为全国重点文物保护单位，是中国最早独立设置的公立师范学校，在此基础建立了中国师范教育博物馆。
（图 8-5）

图 8-3　江南贡院

图 8-4　学政试院

图 8-5　如皋公立简易师范学堂旧址

苏州景海女子师范学校旧址位于苏州大学校内，主要建筑有红楼、礼堂、崇远楼、彤云楼、绿波楼、厚德亭等。（图 8-6）

图 8-6　苏州景海女子师范学校旧址

民国时期，中国出现了一系列高等教育学府，江苏各地纷纷创办大学，尤其是南京，创建了很多大学，如中央大学、金陵大学、金陵女子大学、东吴大学等，这些大学的建筑仍然被使用，作为当今大学建筑的重要组成部分。

中央大学旧址位于南京市玄武区，主要标志性建筑位于东南大学四牌楼校区，现为全国重点文物保护单位。现存南大门、体育馆、图书馆、大礼堂、科学馆、梅庵等建筑。（图 8-7）

图 8-7　中央大学旧址

金陵大学旧址位于南京大学鼓楼校区内，现为全国重点文物保护单位，现存建筑主要有东大楼、西大楼、北大楼、图书馆、东北大楼、礼拜堂等。
（图 8-8）

图 8-8　金陵大学旧址

东吴大学旧址位于苏州大学天赐庄校区内，占地约 6 万平方米，建筑总面积 2.1 万平方米，现存钟楼、图书馆、科学馆等建筑，为全国重点文物保护单位，入选第四批中国 20 世纪建筑遗产项目。（图 8-9）

图 8-9　东吴大学旧址

（二）江苏教育建筑遗产的价值

1. 历史价值

江苏教育建筑遗产是中国教育史发展的历史见证，它在一定程度上反映着江苏教育发展水平，研究江苏教育建筑遗产不仅可以促进江苏教育发展史的深入研讨，还可以为研究江苏建筑史提供参考。

江苏书院建筑是伴随着科举考试兴起的，书院建筑作为传播文化知识的物质载体，体现江苏科举发展历史，通过这些书院建筑可以探索江苏科举考试的历史进程。

明朝东林党人顾宪成和高攀龙等人在东林书院讲学，他们著书立说，丰富文化教育内容，提倡经世致用的观点，凝聚着浓厚的爱国精神，大批学子到此求学，东林书院成为江南地区讨论国事的重要场所。通过东林书院体现出来的人文历史，为我们研究明朝教育史提供了重要参考。

2. 文化价值

中国古代科举制度衍生出科举文化，科举文化体现的是公开、公平、公正的人才选拔方式，体现着科举文化的核心内涵。贡院、考院是科举制度的产物，从这些建筑的构造上就可以体现科举文化。

南京江南贡院体现着中国教育文化的精神，代表着江南地区科举文化的水平，是中国封建等级制度的完美体现，它在选址布局、建筑形态等方面都形成了自己独特的风格，严谨复杂、井然有序，反映出中国传统建筑文化的博大精深。

中央大学旧址、金陵大学旧址、金陵女子大学旧址、东吴大学旧址等都是近代创办的大学，它们在长期的发展过程中形成了独特的大学文化，一直传承至今。这些大学文化蕴含着教育学生的精神内涵，传承和弘扬大学精神，可以推动中国传统文化创新性发展。

3. 社会价值

江苏教育建筑遗产历史悠久，见证着不同时期社会发展过程，具有重要的社会价值。一些近代教育建筑不仅作为教育场所，还在一定历史时期发挥着重要作用，如南京的近代教育建筑曾是学生爱国运动的集合基地，学生在此与反动派作斗争，涌现出大批的爱国师生。

位于淮安市的江淮大学旧址是新四军抗战时期创办，它是在中国共产党领导下创办的综合性大学，是党统一战线政策的集中体现，大批抗日爱国青年到这里工作和学习。他们在学校学习期间，不仅学到文化和科技知识，也锻炼了自己的意志，为今后的革命斗争做好了准备。

4. 艺术价值

江苏教育建筑是功能和艺术的集合体，它不仅是教育场所，还是建筑艺术的集合体。这些教育建筑是在不同历史时期建造的，体现着当时建筑艺术的精湛水平，反映着当时的建筑特色和审美取向，融合着中西方建筑思想，体现中外建筑艺术的完美性。

南京近代教育建筑属于民国建筑风格，由于受到西方建筑学的影响，它们的设计和建造体现着中西交融的思想。有些教育建筑由西方教会创办，它的建造有着典型的基督教风格。金陵女子大学吸收了中国传统建筑元素，将故宫的建筑理念融入，沿中轴设计，采取功能分区，打造皇家园林式的大学校园。

5.情感价值

教育建筑作为学生生活的场所，每个大学生对这些建筑都会产生情感认同，他们在长期的生活中形成了自己的人生观和价值观。很多教育建筑都成为大学的标志性建筑，记录着一代又一代学生的学习、成长过程，构建了独特的大学校园人文精神。

中央大学旧址的大礼堂、东吴大学旧址的钟楼、金陵大学旧址的北大楼等都是作为学校的标志性建筑，是大学历史文化与人文精神的物质载体，承载着师生的情感记忆，在学生心目中的地位举足轻重，很多学子都对它们怀有深厚的感情。这些标志性建筑作为纪念场所，在学生毕业时期都会前来拍照留念。

二、江苏教育建筑遗产保护与发展

（一）保护与发展的成功模式

1.岳麓书院

岳麓书院是中国四大书院之一，位于湖南长沙市，现存讲堂、教学斋、御书阁、文庙等完整的书院建筑群。2012年在岳麓书院中成立中国书院博物馆，是中国第一个展示中国书院文化的博物馆，博物馆中整合了湖湘文化的思想理念，集聚了中国书院文化的精华，将丰富的地域文化资源融入，充分展示中国书院文化的独特魅力，在空间布局、艺术设计、装饰形象等方面采用了现代技术手段，在馆内可以感受到中国书院文化的博大精深，成为书院文化研究和传统文化教育的重要基地。通过举办一系列学术活动，展现了岳麓书院的文化特色，有力的传播了传统书院文化。

岳麓书院在开发利用方面取得了巨大成功，以其优美的自然风光、丰富的文化底蕴，成为湖南有名的旅游景区，吸引了大批游客前来参观。岳麓书院在文化创意产品设计也有所创新，以其独特的建筑形状制作了一系列文创产品和旅游纪念品，如竹简、竹扇、湘绣、笔筒等，比较有名的有岳麓书院主题文具。

2.四川贡院

四川贡院又名川北道贡院，位于四川阆中古城，贡院由大门、考棚、明远楼、致公堂等建筑构成，是国内保存完好、规模大的科举博物馆之一。博物馆分为科举考试教育馆、科举考试程序馆、科举制度馆等二十余个展馆，通过各种模型和书画，运用现代媒体技术，再现了科举考试的完整过程。新建了状元广场，将状元文化与地域文化融合在一起，形成独特的旅游资源。

四川贡院依托阆中古城进行了旅游开发，整合各种旅游资源，与其他景点联动开发，形成了一系列精品旅游线路。注重在游客体验项目上下功夫，专门设计了游客体验项目，如让游客扮作秀才赶考，参与祭拜孔夫子、参加科举考试等，加深了游客对科举文化的印象。

3.北京国子监

北京国子监是中国古代保存完整的古代最高学府校址，它是负责管理教育的专门机构，现存有集贤门、太学门、琉璃牌坊、辟雍殿、彝伦堂、敬一亭等建筑。以国子监和孔庙为基础，建设了博物馆，展示国学文化，传播传统文化。对国子监所在街区进行了重点保护，制定出台一系列保护措施，将国子监历史文化街区列入历史文化保护区，并对国子监周边环境进行了整治，拆除与国子监不相协调的建筑，划定国子监保护范围。

国子监开发也取得了一定成绩，成为 4A 级旅游景区，国子监历史文化街区被打造成为国子监文化休闲区，作为国学文化的宣传基地。大力发展国学文化，引进休闲会馆、展示馆等新业态来打造国子监的文化品牌，举办国学文化系列活动吸引文化传媒机构来宣传国子监，以此树立国子监的优秀旅游品牌形象，传播和弘扬国学文化。[①]

（二）江苏教育建筑遗产保护与发展的原则

1.整体性原则

对于江苏教育建筑遗产的保护，不仅要保护建筑本体，还要保护建筑形态、空间布局和建造工艺，延续其历史价值，保持其使用功能。教育建筑遗产和周边的环境构成一个有机整体，再做保护规划时要把周边的自然环境、生态环境、人文环境等统筹考虑，注重教育建筑与文化氛围的和谐统一。

教育建筑的整体性包含物质和非物质、时间和空间等多种要素，这些要素构成了教育建筑的整体性，要将其和所在地紧密联系在一起，全方位的对

---

① 时少华，梁佳蕊.政策网络视角下历史文化街区保护的参与网络治理研究——以北京国子监历史文化街区为例 [J]. 北京联合大学学报（人文社会科学版），2018(2):47-53.

其实施保护。整体性保护还包括对教育建筑物质空间的继承和教育文化和教育精神的弘扬，让教育建筑形成一个完整的有机体。

2. 文化性原则

书院、贡院等物质文化遗存是长期在科举考试中形成和发展起来的，包含着科举文化相关历史信息，对当时的政治、文化和教育都产生了极为深远的影响，是中国考试文化的集中体现。

教育建筑遗产具有文化的传承性，它承载着教育文化和教育精神，通过物质载体展现教育文化的深邃内涵，让人们可以清晰的了解中国教育文化的发展脉络和演变过程，感受到教育文化的博大精深。

教育建筑遗产是文化遗产的重要组成部分，独有的建筑形态也体现着中国传统建筑文化的多样性。这些教育建筑遗产与中国古代教育和文化的发展过程密切相关，是不同时期教育文化留下的印迹，通过书院、贡院等遗址遗迹，我们可以了解丰富的科举文化。

3. 传承性原则

教育具有传承性，教育建筑遗产是教育文化的物质形式，文化内涵通过教育建筑予以呈现。从书院到大学的发展历史来看，融合了不同文化，反映了不同时期对于教育事业的重视程度，在此过程中形成的书院文化和大学精神也是经过长期的传承与创新，凝聚了无数人的智慧结晶，是中华传统文化的重要组成部分，需要我们去保护和传承，使之发扬光大。

在教育建筑遗产保护与发展上注重传承与创新相结合，不仅要注重静态的保护与传承，还要注重动态和活态的传承利用。运用科技手段进行传承发展，将教育文化和教育精神与学生思想政治教育融合发展，开展多种形式多样的传承活动，推动教育建筑遗产得到更好的保护与传承。

4. 特色性原则

教育建筑遗产的旅游开发需要坚持特色性原则，特色性原则是文化遗产旅游开发的关键因素，要在品牌上体现教育建筑遗产的独特性，整合当地其他文化资源，形成独有的特色教育文化品牌。

一些书院建筑在开发利用时要将其与科举文化相融合，展示代表性的科举文化元素，运用现代技术手段，将这些文化元素生动的体现出来。提炼书院文化的精神，挖掘书院价值内涵，将书院文化融入环境艺术氛围中，通过浓厚的文化气息，形成书院文化的独特魅力。坚持多元化、多样化的开发手段，突出书院文化的独特文化品位，形成特色鲜明的个性和浓厚的文化吸引力，打造具有鲜明地域文化特色的书院旅游品牌。

（三）江苏教育建筑遗产保护与发展的模式

1. 博物馆

博物馆是当前教育建筑遗产保护和利用的主要模式，很多教育建筑均采用了这种模式，其优点在于可以完整的保存教育建筑原貌，通过陈设展览教育建筑的发展历史，以此达到教育的目的。

江苏教育建筑遗产中大多数采用了博物馆保护模式，依托江南贡院成立的中国科举博物馆是国内最大的科举博物馆，博物馆分为 4 层，5 个展区，运用高科技手段虚拟现实技术，让人亲身感受到科举文化的独特魅力。科举博物馆为当地教育文化带来了发展契机，可以传承中国传统文化，为弘扬中华优秀传统文化起到积极作用。

博物馆在教育建筑遗产基础上改造而成，继承了传统建筑的独特风格，把传统建筑形态展示给民众，充分彰显了教育建筑的庄严气派。博物馆中展出大多是以教育相关的文献资料、手工艺品等，通过各种技术手段，对其进行开放，让世人了解教育建筑前世今生。

常州东坡书院旧址是为了纪念苏东坡而修建的，可以依托书院旧址进行改造，将其打造成为东坡文化的博物馆，把东坡文化资源转化为教育资源，开展互动体验项目，开发中小学研学项目，传承和弘扬中国传统文化。

2. 主题文化公园

主题文化公园是以特色文化为主题，注重体现文化内涵的表达，选择具有丰富的自然资源和深厚的文化底蕴的地方，将自然景观、人文景观和地域文化相结合，用主题公园的形式形成具有特色文化的公共活动场所。主题文化公园不仅丰富文化内涵，还能让游客体验到当地的自然风光，将自然景观和文化表达结合在一起，向游客传达丰富的文化内涵。

二泉书院位于无锡惠山古镇，自然资源丰富，人文环境优越，有惠山寺庙、寄畅园、惠山祠堂等名胜古迹，充分展示书院文化、园林文化的文化形态。可以依托二泉书院打造科举文化主题公园，在科举文化中融入现代文化元素，赋予科举文化新的时代价值。

在科举文化主题公园中建设科举文化景观，如建设科举人物雕塑和科举文化墙，通过文字、图片和实物的方式呈现，制作科举文化长廊，展出科举人物书法和绘画等艺术作品，让人们在娱乐之余能够加深对科举文化的理解。

3. 教育体验馆

教育体验馆是新型的展馆，主要是通过直接或间接的手段让人亲身体验，受到教育的熏陶和感染，达到育人的效果。教育体验馆需要设计体验项目，运用图像、影音和动画等多种媒体技术，通过数字化处理之后，形成一种体验系统，人们可以通过视觉来体验。

选择景海女子师范学校旧址、如皋公立简易师范学堂旧址作为师范文化体验馆，围绕师范文化作为主题，建立师范文化体验馆，全方位的展示和传播师范文化。师范文化作为教育文化的一种，体现着身正为师和为人师表的教师形象，结合师范文化打造体验馆可以激发人们对教师职业的热爱，能够更好的传承和弘扬师范精神。

师范文化体验馆的设计上要进行功能分区，分为互动空间、虚拟空间、影像空间等，各个空间交错呼应，形成一个完整的体验空间。体验馆不仅要有物品展示，还有设立体验项目，让游客参与其中，通过多种体验活动来感受到师范文化的魅力，从而形成对教师崇高事业的向往和追求。

4. 文化创意馆

文化创意馆是设计与之相关的文化创意元素，将文创元素融入到展馆中，运用现代技术手段和设计手法展示文化的内涵。目前国内比较有名的有故宫文化创意馆、青岛故宫文创馆等，这些文创馆都将传统文化与现代文化相结合，通过设计一些文化创意产品，采用文化创意设计理念，注重文化的多元化发展。

选择江苏书院建筑建设文化创意馆，以书院文化为主题，通过设计一些体现书院文化的文创产品，将书院打造成为生动和新颖的文化创意空间，通过文化创意设计理念构建一个全新的书院文化文创馆，让人们了解书院文化，传承和弘扬书院文化。

在产品设计上注重将书院文化底蕴与创意设计相结合，挖掘特定的书院文化元素，形成书院文化独有的文化符号。搜集整理书院文化元素，构建书院素材库，将书院的建筑元素和精神内涵融入文创产品设计中，形成文化创意产品与书院文化完美融合的设计方案。

（四）江苏教育建筑遗产保护与发展现状

江苏各地注重教育建筑遗产的保护，将一些具有重要价值的书院、学校旧址列入各级文保单位，并安排专人进行管理，对其进行修缮维护，有力的保护了教育建筑遗产。

江苏各地对教育建筑遗产进行了开发利用，一些贡院和书院被改造成为博物馆，南京科举博物馆由江南贡院改造而成，扬州书院博物馆由扬州梅花书院改造而成，这些博物馆都是在原有建筑基础上改建而成，继承了传统建筑的建造风格。很多博物馆通过展出科举文化或者书院文化展览活动，带动了当地教育、文化的发展，为弘扬中国传统文化做出了积极贡献。

（五）江苏教育建筑遗产保护与发展存在的问题

1. 保护目标不够明确，缺少整体发展规划

目前，全省教育建筑遗产的保护与发展没有进行总体规划，各地都是根据实际情况进行保护，有的地方保护利用工作做的较好，有的地方却没有纳入总体规划，全省尚未形成统一的保护规划。从一些地方制定的规划来看，只是把文物单位的教育建筑遗产作为重要保护对象，专门制定了保护规划，但是对于一些非文保单位的教育建筑遗产重视程度不足，没有列入保护规划。

尽管一些书院如东林书院、梅花书院等制定了保护规划，也划出了保护范围，但是保护规划制定不够科学合理，没有对书院周边环境进行统一规划，导致书院内部与外部不一致，影响到书院整体性和协调性。

由于教育建筑遗产归属于不同的管理机制，这些管理部门保护措施各不相同，导致保护责任主体不明确，无法切实履行保护责任，也没有制定明确的保护目标。有的管理部门没有设立专门机构进行保护，只是负责日常的修缮工作，对教育建筑的开发利用却没有形成具体对策。

2. 文化内涵挖掘不深，教育气息不够深厚

教育建筑遗产蕴含着丰富的文化内涵，但是各地在开发利用教育建筑遗产时对其内涵挖掘不深，大多偏重于物质遗产的开发，对一些书院、贡院等投入资金进行修缮，打造书院、贡院旅游景区。但是在开发过程中，没有将这些教育建筑遗产的文化特性和建筑艺术融合在一起，只是重视利用建筑本体的功能，设计一些与教育建筑相关的展览，但是没有去追求深层次的文化内涵。有的地方为了开发需要，兴建了一些仿古建筑，破坏了教育建筑遗产的文化生态。

教育建筑遗产是中国古代教育文化在物质载体的集中体现，要求我们在开发利用时需保持其特有的教育文化气息。但是一些地方在开发书院时商业气氛过浓，只是利用书院进行旅游开发，没有体现古代书院的庄严感。开发过程中没有将书院与公共文化设施相结合，利用书院的教育功能去展现古代教育文化的魅力，导致游客对于书院缺乏教育属性的认识。

3. 宣传推广力度不够，品牌效应尚未显现

目前，关注教育建筑遗产的群体较少，对于一些普通民众，只是通过简单文字介绍或者参观旅游景区获知教育建筑概况，但是无法真正的感知教育建筑

遗产的文化内涵。一些中小学或者大学依托原有学校旧址而建立，这些旧址大多位于校园内，成为校园景点的一部分，作为教育学生的重要场所。但是这些教育建筑并不为社会所熟知，即使知道这些建筑的存在，也不知道具体的情况和价值，再加上校园的封闭性，外人一般无法进入校园去了解建筑概况。

一些教育建筑遗产虽然进行了旅游开发，但是尚未形成知名旅游品牌。江苏的一些书院只是在省内作为知名书院旅游品牌，但是和四大书院相比，品牌的影响力不够。从举办的书院文化品牌宣传活动来看，没有凸显出地域文化特色，教育形象不够突出，没有足够的品牌吸引力。宣传推广没有借助专业机构进行包装策划和品牌运营，对外推介中没有将其与其他文化资源整合，没有利用现代媒体技术进行传播，因此无法形成品牌规模化效应。

4. 精神提炼不够鲜明，精髓要义把握不深

当前对于江苏教育建筑遗产的研究仅限于开发利用，各地一般针对如何利用现有教育建筑遗产进行旅游开发进行深入研究，从物质遗产角度去研究，但是对于其蕴含的精神内涵提炼不足。

教育建筑遗产在传播文化和培养学生中发挥了重要作用，在日积月累的教育过程中形成了独有的人文精神。这些精神彰显了崇德尚信、尊师重教的中华优秀传统美德，需要我们去深入挖掘，提炼精神内涵，深刻把握精髓要义。这些精神的提炼需要具有专业素养的学术机构开展研究，但是目前这方面的相关研究成果相对较少。

教育建筑遗产蕴含的教育精神提炼不足，如一些传统书院在中国古代教育发展史做出了突出贡献，在这过程中也形成了独有的书院精神，对于我们教育事业的发展有着积极意义，但是很多书院并没有提炼出书院精神的精髓要义，也没有能够将书院精神融入到青年学生的思政教育中。

（六）江苏教育建筑遗产保护与发展的对策

1. 科学统筹合理规划，建立健全保护管理机制

江苏教育建筑遗产的保护与发展需要科学统筹合理规划，首先要对其进行全面普查，掌握所在地区的教育建筑遗产数量和类别，根据不同类别制定不同的保护规划。聘请国内外知名专家学者研究制定保护与发展规划，将其融入到地区旅游发展规划中，作为地区旅游资源的重要支撑，在各地旅游发展规划中单独设置教育建筑遗产旅游专题，全面和系统的研究教育建筑遗产保护与发展的具体措施。

建立健全教育建筑遗产保护与管理机制，研究制定地区教育建筑遗产保

护与发展相关制度，明确各部门的管理职责，形成各个部门之间通力合作的良好局面。设立保护专项资金，将未成为文保单位的教育建筑遗产纳入到保护范围。

积极探索多元化的投融资机制，一方面设立保护与发展公益基金会，发动社会团体和个人积极捐款，将募捐到的基金用于教育建筑遗产保护与发展；另一方面鼓励社会力量参与到教育建筑遗产的保护与发展项目中，给予其一定的利益分配，充分调动民间资本的积极性。

2. 深入挖掘文化内涵，全力营造浓厚宣传氛围

进一步挖掘教育建筑遗产的内涵，突出其内涵建设。在开发利用过程中要注重将物质遗存与文化内涵相结合，将与其相关的人物、事件、历史等要素融入，创设人文环境，体现历史人物的活动轨迹，通过品读经典等活动，让人们感受到教育文化的内涵。

结合教育建筑遗产自身优势，定期举办文化节，结合互联网优势，开展网上文化展。利用新媒体技术，开通微博和微信公众号，将与教育建筑遗产相关的文字、图片、视频等信息发布，定期开展互动交流。借助于短视频、微电影等传媒技术，拍摄教育建筑遗产相关的视频，在一些大型网站上发布。建立教育建筑遗产专业网站，开展网上虚拟文化游，构建数字博物馆。围绕教育建筑设计文化形象，如在书院大门布置历史人物塑像，在道路两旁设置文化标识等，通过视觉传达艺术，营造出浓厚的文化氛围。开展文化体验游，借助于虚拟现实技术，设置情景化的文化主题活动，让人参与到文化体验活动，亲身体验到教育文化的独特魅力。

3. 整合资源联动开发，倾力打造知名文化品牌

整合全省教育建筑遗产，联动开发利用教育建筑遗产。根据现有的资源布局，设计科学合理的开发利用线路，书院文化旅游线路可以将串联东林书院、二泉书院、梅花书院、安阳书院、东坡书院等开展书院文化研学活动，举办书院夏令营、国学文化研习班等活动。科举文化旅游线路可以将江南贡院、江宁府学、学政试院等科举遗存串联起来，开展科举考试、状元巡游等体验项目。高校文化旅游线路可以将中央大学旧址、金陵大学旧址、金陵女子大学旧址、东吴大学旧址等串联起来，丰富大学文化内涵，挖掘大学精神，打造精品高校文化旅游线路。

倾力打造知名文化品牌，实行差异化开发模式。要构建不同于其他地区的文化品牌，发挥特色文化对构建文化品牌的建设的作用，积极打造独特的文化品牌。如南京的民国时期大学旧址要形成自己独特的品牌，深入挖掘背

后蕴含的深层次文化内涵，融合金陵文化，开发特色旅游产品，发展差异化旅游产品，统一品牌化运营管理，提升文化品牌的知名度。

4. 凝聚强大精神力量，加快推动传承创新发展

深入开展江苏教育建筑遗产的学术研究，加强研究力量，定期举办学术研讨会，组织专家学者进行学术交流，促进学术文化发展，传播最新研究成果，加强人们对其价值的理解，形成全社会保护的良好氛围。高校要成立专门的研究机构，联合政府部门成立学术研究基地，设立专项研究课题，形成稳定的研究方向，集聚国内外专家学者重点推出一批精品成果。

提炼教育建筑遗产蕴含的精神，如书院建筑衍生出来的书院精神，书院精神的内涵是育人为本，学生在长期的学习过程不仅学习到文化知识，还形成完善的人格品质。书院精神对于当前加强学生思想政治教育起到积极作用，传承书院精神，弘扬传统文化，可以培养学生良好的道德素质，树立正确的人生观和价值观。

书院精神是在中国古代书院教育中形成和发展起来的宝贵财富，它体现的是崇高的人文精神和严谨的学术精神，继承了中国传统教育的精华，对于当今学校发展有着重要的价值，我们要不断进行创新，丰富精神内涵，增加活力，推动书院精神的传承与创新发展。

第三部分

典型案例

第九章

常州城市建筑遗产保护与发展

城市建筑遗产是中国文化遗产的重要组成部分，它是前人给我们留下的宝贵物质和精神财富，见证着城市发展的历程，具有重要的价值。2015年常州市被国务院认定为国家级历史文化名城，常州市有着悠久的文化底蕴和丰富的历史遗存。随着时代的发展，国家对文化旅游融合发展的需求，常州地域建筑文脉和城市文化的延续需要更好的保护与发展，对常州城市文化遗产进行深入研究具有一定的现实意义。

一、常州城市建筑遗产概况

（一）常州城市建筑遗产的类型

建筑遗产是物质文化遗产的重要组成部分，指的是有形的物质文化遗产，主要包括具有重要历史意义的传统建筑、工业建筑、交通建筑、历史建筑、名人故居、景观建筑、革命遗址等。本书不将古遗址、古墓葬、古碑刻等考古文物列入研究范围。

根据《旅游资源分类、调查与评价(GBT18972-2003)》分类标准，将"建筑遗产与设施"作为分类标准，根据常州城市建筑遗产的类别，对其进行分类，整理出常州城市建筑遗产的分类体系。（表9-1、表9-2）

表 9-1　常州城市建筑遗产分类体系

主类	亚类	基本类型	小类	常州城市建筑遗产（个数）
建筑遗产与设施	综合人文旅游地	宗教与祭祀活动场地	佛寺（庵）	3
			宗祠	5
		文化活动场地	重要历史事件及重要机构旧址	3
		建设工程与生产地	工业建筑	7
	景观建筑与附属型建筑	佛塔		1
		塔形建筑物		1
		亭、台、楼阁		4
		城墙		1
		建筑小品	牌坊	1
			戏楼	2
			园林	4
	居住地与社区	传统民居		29
		书院		2
		名人故居与历史纪念建筑		19
	交通建筑	桥		9
	水工建筑	水井		2
		水利设施		1

　　对常州市 94 处城市建筑遗产进行系统的分类，其中亚类有 5 项，基本类有 14 项，小类有 17 项。亚项分析如下：综合人文旅游地共有 18 处，占总数 19.1%；景观建筑与附属型建筑共有 14 处，占总数 14.9%；居住地与社区共有 50 处，占总数 53.2%；交通建筑共有 9 处，占总数 9.6%；水工建筑共有 3 处，占总数 3.2%。（图 9-1）

　　"基本类型分析如下：综合人文旅游地分为宗教与祭祀活动场地、文化活动场地、建设工程与生产用地，分占总数 8.5%、3.2%、7.4%。景观建筑与附属型建筑分为佛塔、塔形建筑物、亭台楼阁、城墙、建筑小品，分别占总数的 1.1%、1.1%、4.2%、1.1%、7.4%。居住地与社区分为传统民居、书院、名人故居与历史纪念建筑，分占总数 30.9%、2.1%、20.2%。交通建筑分为桥，占总数的 9.6%。水工建筑分为水井、水利设施，分占总数 2.1%、1.1%。"

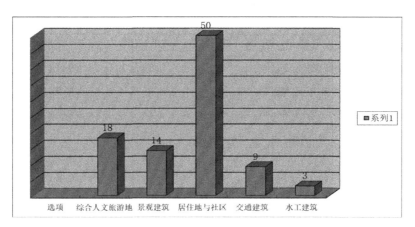

图 9-1　常州城市建筑遗产亚项比例图

表 9-2　常州城市建筑遗产一览表（部分）

序号	名称	始建年代	保护级别
1	瞿秋白故居	清	全国重点文保单位
2	张太雷旧居	民国	全国重点文保单位
3	近园	清	全国重点文保单位
4	常州唐氏民宅	明至民国	全国重点文保单位
5	戚机厂旧址	民国	省级文保单位
6	唐荆川宅	明	省级文保单位
7	前北岸明代楠木厅	明	省级文保单位
8	天宁寺	明	省级文保单位
9	太平兴国石经幢	宋	省级文保单位
10	管干贞故居	明	省级文保单位
11	赵元任故居	清	省级文保单位
12	史良故居	清、民国	省级文保单位
13	阳湖县城隍庙戏楼	清代	省级文保单位
14	文笔塔	清	省级文保单位
15	红梅阁	清	省级文保单位
16	恽鸿仪故居	清	省级文保单位
17	吕宫府	清	省级文保单位
18	临清会馆	民国	省级文保单位
19	杨氏家庭戏楼	清	省级文保单位

（续表）

序号	名称	始建年代	保护级别
20	恒源畅厂旧址	民国	省级文保单位
21	护王府遗址	清	省级文保单位
22	清凉寺	清	省级文保单位
23	未园	民国	省级文保单位
24	李公朴旧居	民国	省级文保单位
25	盛宣怀故居	清	省级文保单位
26	新坊桥	元	省级文保单位
27	常州文庙大成殿	清	省级文保单位
28	吕思勉宅	清	省级文保单位
29	大成三厂旧址	民国	省级文保单位
30	中山纪念堂	民国	省级文保单位
31	武进医院病房大楼旧址	民国	省级文保单位
32	舣舟亭	宋	市级文保单位
33	赵翼故居	清	市级文保单位
34	汤贻汾故居	清	市级文保单位
35	承越故居	清	市级文保单位
36	广济桥	明	市级文保单位
37	逸仙中学旧址	清、民国	市级文保单位
38	飞虹桥	清	市级文保单位
39	域城巷古井	元	市级文保单位
40	唐氏宗祠	明	市级文保单位
41	晋陵白氏宗祠遗址	明	市级文保单位
42	刘氏宗祠	清	市级文保单位
43	黄仲则故居	清	市级文保单位
44	周有光宅	明–清	市级文保单位
45	三锡堂	清	市级文保单位
46	汤润之故居	清	市级文保单位
47	东坡书院旧址	清	市级文保单位
48	大成二厂竞园、老厂房	民国	市级文保单位
49	屠元博纪念碑	民国	市级文保单位

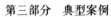

（续表）

序号	名称	始建年代	保护级别
50	庄存与故居	清	市级文保单位
51	金启生女士纪念塔	民国	市级文保单位
52	安邦小学教学楼旧址	民国	市级文保单位
53	洪亮吉故居	清	市级文保单位
54	锁桥	明	市级文保单位
55	孙慎行、孙星衍故居	明、清	市级文保单位
56	常州府学	清	市级文保单位
57	西瀛门城墙	明	市级文保单位
58	文亨桥	清	市级文保单位
59	沈氏宗祠	清	市级文保单位
60	庄蕴宽故居	民国	市级文保单位
61	大成一厂厂房、求实园、刘国钧楼	民国	市级文保单位
62	浩然亭、落星亭	清	市级文保单位
63	杜宅	民国	市级文保单位
64	万福桥	清	市级文保单位
65	大陆饭店旧址	民国	市级文保单位
66	五七农场排灌东站	建国初	市级文保单位
67	崇真女校旧址	民国	市级文保单位
68	韦墅庙桥	民国	市级文保单位
69	常州第二无线电厂旧址	1965 年	市级文保单位
70	万安桥	明	市级文保单位
71	大明厂民国建筑群	民国	市级文保单位
72	崇法寺	清	市级文保单位
73	李伯元故居	明、清	市级文保单位
74	传胪第	清	市级文保单位
75	意园	清	市级文保单位
76	约园	清	市级文保单位
77	龙城书院遗址	明、清	市级文保单位
78	游击府大殿	清	市级文保单位
79	道台府（将军楼）	清	市级文保单位

（续表）

序号	名称	始建年代	保护级别
80	材罩屋旧址	清	市级文保单位
81	松筠小筑	民国	市级文保单位
82	中新桥	民国	市级文保单位
83	蒋氏贞节坊	清	市级文保单位
84	邹浩祠	清	市级文保单位
85	庄氏济美堂	清	市级文保单位
86	志王府	清	市级文保单位
87	唐荆川先生读书处坊	民国	市级文保单位
88	蔡旭故居	民国	市级文保单位
89	福泉古井	清	市级文保单位
90	民元里民宅	民国	市级文保单位
91	长沟别墅	民国	市级文保单位
92	南河沿 60-3 号民宅	民国	市级文保单位
93	南河沿 15 号民宅	20 世纪 50 年代	市级文保单位
94	夏家大院	清	市级文保单位

（二）常州城市建筑遗产的特点

不同的历史时期形成了不同的地域文化和历史遗存，对常州城市经济社会文化影响深远，由于常州地处江南的特殊地位和发展变革的独特个性，常州城市建筑遗产呈现以下几个方面的特点：

1. 常州城市建筑遗产类型多样化

常州城市建筑文化景观遗产有物质形态的，还有非物质形态的，呈现出多样化的特点。物质形态的文化景观遗产又分为不同的类型，有以青果巷历史文化街区、前后北岸历史文化街区为代表的民居建筑，如赵元任故居、周有光宅、赵翼故居等，有以各种跨越运河的桥梁为代表的桥梁建筑，如飞虹桥、文亨桥、万福桥、锁桥等，有以市区大运河沿岸工厂旧址为代表的工业遗产，如大成一厂厂房、求实园、刘国钧楼、恒源畅厂办公楼、老厂房等，有以天宁寺—舣舟亭历史文化街区为代表的宗教建筑，如天宁寺、文笔塔等。非物质形态的建筑遗产有江南古建筑营造技艺等。

2. 常州城市建筑遗产综合价值重大

常州城市建筑文化景观遗产综合价值重大，物质形态的建筑遗产中有4处国家级文保单位，瞿秋白故居—天香楼、张太雷旧居、近园、常州唐氏民宅。省级文保单位有27处，分别是戚机厂旧址、唐荆川宅、前北岸明代楠木厅、天宁寺、太平兴国石经幢、管干贞故居、赵元任故居、史良故居、阳湖县城隍庙戏楼、文笔塔、红梅阁、恽鸿仪故居、吕宫府、临清会馆、杨氏家庭戏楼、恒源畅厂办公楼、老厂房等。

3. 常州城市建筑遗产保护工作难度大

常州城市建筑遗产是一个动态的文化遗产，它包含着物质形态和非物质形态，是在长期历史发展中形成的，不断演变的。要求我们在保护常州城市建筑遗产时不仅要注重保护物质形态的，还要保护非物质形态的，对于过去已经形成的建筑遗产，要加以重点保护，而对正在形成的一些建筑遗产，也要给予充分的重视。

（三）常州城市建筑遗产的价值

1. 历史价值

常州城市建筑遗产是在一定的历史时期和历史条件下形成的历史遗存，见证了常州城市历史演变过程，承载着丰富的历史信息，与历史人物、历史事件等密切联系在一起，形成了丰富的建筑遗产。

常州城市建筑遗产的形成年代也各不相同，它们的形成和发展在一定程度上反映着常州城市经济繁荣和文化发展，反映着常州城市变迁，集聚着劳动人民的智慧结晶，体现着劳动人民的在历史长河中的作用，具有丰富的历史价值。

青果巷历史文化街区走出了众多国内外知名的名人，这些名人都在青果巷留有故居，如赵元任故居、刘国钧故居、周有光故居等，名人故居见证了这些名人的活动轨迹，提供一些历史事件和人物活动的真实环境，蕴含着对当时政治、经济、文化、科技等诸多信息。他们所处的人文环境和使用过的物品则在不同方面反映了当地的风俗习惯，通过名人故居，可以获知名人所处时代的历史内涵。

2. 艺术价值

一些古民居、古建筑，它们在其建造过程中就蕴含着丰富的艺术价值。常州城市建筑遗产艺术价值体现在这些遗产的造型设计、建筑色彩搭配、建筑装饰手法等方面，都反映了特定时代的典型风格。常州城市建筑遗产艺术价值较高，在一定程度上体现了当时精湛的建筑营造技艺水平。

天宁寺、文笔塔、红梅阁等建筑遗产在选址和营造中体现了"天人合一"的哲学观，这种哲学思想是中国古代传统建筑文化的精髓，最终凝练成中国古代建筑文化的精神内涵。红梅阁造型精巧细致，建筑气势宏伟，具有典型的江南建筑特色，对于研究江南建筑具有重要的艺术价值。（图9-2）

图9-2　红梅阁

3. 经济价值

常州城市建筑遗产具有非常高的经济价值，开发利用这些建筑遗产可以带来一定的经济价值，全国各地都在利用城市建筑遗产和生态文化资源进行旅游开发，通过建筑遗产来激发人们对审美的需求，让人们在审美过程中得到美好的感受和体验。

常州城市建筑遗产是一种可以进行开发利用的资源，它的保护与经济发展结合起来，在保护其真实性和整体性的基础上进行开发，是发挥其经济价值的重要手段。常州城市建筑遗产旅游是依托自然资源和人文资源，对自然环境影响较小的旅游发展方式，发展建筑遗产旅游可以带来较好的经济收益。目前常州城市的民国时期工业遗产进行了商业开发，依托恒源畅厂和第五毛纺厂改造成"运河五号"创意街区，取得了较好的经济收益，实现了经济价值。

4. 教育价值

常州城市建筑遗产蕴含着丰富建筑思想，工匠在建造传统建筑的时候倾注了毕生心血，赋予了一定的精神寄托和思想情感，这些蕴含思想情感和人文精神的传统建筑具有一定的思政教育和情感教育价值，通过媒介将传统道德价值观念传播出去，达到对人们潜移默化的教育功能。

非物质形态的建筑文化还是加强人们思想政治教育的重要来源，建筑遗产营造技艺是体现劳动人民辛勤劳作的一种传统手工技艺形式，其中蕴含的丰富内涵是赞扬辛勤劳动的农民，传达出劳动人们积极向上的精神面貌。这正与当下国家大力提倡的尊重劳动模范和弘扬劳模精神的宣传主题相符，可以通过它来让人们树立正确的劳动观，弘扬社会主义劳动精神。

5. 生态价值

常州城市建筑遗产具有生态价值，利用其进行生态教育，让受教育者深刻领会大自然的美丽之处，为了人类更加长久的享受大自然之美，要自觉养成保护自然资源和生态系统的保护意识，树立正确的生态观。教育人们要尊重自然生态规律来进行各种活动，考虑自然生态平衡性，自觉不做破坏自然生态的事情。

常州城市建筑遗产中蕴含的生态文化具有丰富的教育元素，建筑遗产破坏外显性较强，一旦被破坏就会产生不可逆转的影响，长时间很难恢复到原状，人们对生态资源的保护意识就相当强烈，因此加强生态观教育是对常州生态文化资源有效的保护方式。

6. 旅游价值

随着旅游业的快速发展，常州城市建筑遗产的特色文化成为吸引游客的亮点，依靠风光秀丽的建筑景观和独具地域特色的民俗文化开发建筑文化旅游，通过开发独具地域文化特色的旅游产品，展现建筑文化魅力，盘活建筑文化资源，从而带动当地旅游业的发展。

建筑文化旅游是当前的热点旅游方式，开发建筑文化旅游资源的同时，也将城市特色民俗文化传播出去，让外界更好的了解常州的地域文化，在推动旅游经济的同时也为更好的保护与传承民俗文化提供了有力的保障。在旅游开发中不仅得以传承传统文化，还作为重要的旅游资源展现其巨大的经济价值。

7. 科技价值

常州城市建筑遗产是在长期的历史长河中形成的文化遗产，充分显示人与自然关系的发展演变过程，反映着劳动人民辛勤智慧，积淀了深厚的文化底蕴，具有重要的科学价值。

常州城市建筑遗产具有一定的科学价值，如戚机厂旧址，它包含"老三楼"——戚机厂民国办公楼、总成车间、联合剪冲机和道钉锻造机等老机器设备。它体现的是中国近现代民族工业的发展历程，反映了当时的生产火车机车的科学水平。机器、生产流水线、厂房等工业遗址具有一定的科学价值，可以用来让人们了解机车的生产流程、技术原理等，丰富人们的科学技术知识。

二、常州城市建筑遗产保护与发展现状

（一）常州城市建筑遗产保护与发展取得的成绩

常州市委市政府很早就对常州建筑遗产进行了保护，早在2000年制定出台了《常州市市区文物保护管理的若干规定》，2008年印发《常州市市区历史建筑认定办法》，2008年开始对常州市区的历史文化资源进行全面普查，整个普查工作分为三个阶段。第一阶段为常州市区中心区范围，具体范围为东至白家桥、南至中吴大道、西至长江路、北至沪宁铁路，普查用地面积约27平方千米。确定了第一批历史建筑名单（33处）。第二阶段历史建筑普查的范围为常州市区主城区，东、南分别至沿江高速公路，西至常泰高速公路，北至沪宁高速公路，普查用地面积约400平方公里，包括天宁区、钟楼区、戚墅堰区、新北区及武进区部分乡镇。确定第二批历史建筑建议名录（15处）。第三阶段历史建筑普查范围为常州市区行政范围，普查用地面积约1 872平方千米，确定了第三批历史建筑建议名录（178处），于2013年9月经市政府公布。截止目前，公布三批常州市区历史建筑名单，共计226处。

2013年制定出台了《常州市文物保护办法》，2017年6月1日，《常州市历史文化名城保护条例》正式实施，将一些城市建筑遗产列入保护范围，2018年出台《常州市市区非国有历史建筑修缮补助管理办法》，对市区非国有历史建筑修缮进行补助，进一步加大了市区建筑遗产保护力度。（表9-3）

表9-3　常州市城市建筑保护相关法律法规一览表

法律法规名称	时间
常州市历史文化名城保护条例	2017.01
常州市文物保护专项资金管理办法	2017.12
常州市文物保护办法	2013.11
常州市地下文物保护办法	2013.11
常州市不可移动文物认养管理办法	2013.12

常州市委市政府加大对城市建筑遗产保护与发展力度，大力挖掘建筑遗产文化内涵，先后对城市名人故居进行了修缮保护，常州三杰纪念馆面向公

众开放，开放了青果巷历史文化街区，同时加大常州城市工业建筑遗产的保护与发展力度，开发利用工业遗存，利用废弃纺织厂在运河五号创意街区开设了大运河记忆馆，展出与大运河相关的文字和影像资料，已经形成了一系列的文化创意产业，获得了良好的社会和经济效益。（图9-3）

图9-3 青果巷历史街区

代表常州"书香文化符号"的民元里壹号由民元里民宅、庄氏济美堂、志王府、邹浩祠、庄氏塾馆5个文保单位组成，民元里壹号定位为"千载读书地，悦读民元里"，旨在打造常州的书香圣地，通过古建筑与文化产业相融合，吸引了大量的人气，带动了文化创意产业发展。（图9-4）

图9-4 民元里壹号民宅

（二）常州城市建筑遗产保护与发展存在的问题

1. 保护发展不够均衡，保护体系有待完善

目前常州城市建筑遗产的保护与开发不均衡，一些国家级和省市级文保单位的古建筑得到了较好的保护与发展，进行了旅游开发，已经成为城市建筑遗产保护的成功典范。但是有些并没有得到足够的保护，如意园在早先的前后北岸改造过程中，一些古建筑遭到了拆毁破坏，尽管现在开始对意园进行保护修缮，但是较难恢复到原有形状。

一些建筑虽然建筑结构和功能作用相对保存完整，但是没有将其进行再生性的使用，而是将其空置起来，使其失去了建筑的实用性属性功能。有的建筑经过修缮之后面貌焕然一新，但是却没有对外开放，没有对其进行旅游开发，无法发挥它的原有功能。

有的建筑虽然进行了内部改造，作为陈列展馆对外开放，但是开放效果不太理想，参观人数寥寥无几，吸引力不够。一些分布在巷子里的传统建筑风格混杂，保护级别仅限于市级历史建筑，没有上升到文保单位的等级，这些建筑缺乏足够的保护资金支持，受环境、气候等因素的影响，容易遭到自然毁坏。

2. 价值认知能力不足，重视程度有待提高

作为城市建设发展的一部分，常州城市建筑遗产是常州特定历史时期的经济、社会与文化发展的见证。常州城市建筑遗产是一个整体，包含建筑遗产周边的各种遗存，有物质文化遗产，也有非物质文化遗产，它们都是古代劳动人民的智慧结晶。

建筑遗产是文化遗产的重要组成部分，对其保护与开发应该给予足够的重视。尽管政府部门大力宣传建筑遗产保护的重要性，但是由于民众保护理念的局限性，对于城市建筑遗产价值认知程度有待提高。

通过对民众调研得知，一些人对于城市建筑遗产的价值认知不足，他们只认为一些作为文保单位的古建筑具有重要的价值，需要加以保护，而对于一些非文保单位的建筑价值缺乏必要的认识。对于问及如何保护常州城市建筑遗产时，他们大多认为这个是政府行为，和他们无关。

城市建筑遗产的教育尚未普及到学校和社区，没有把文化教育真正的深入人心，很少学校把建筑遗产保护作为劳动课或者体验课，学生在做职业规划时也未将对城市建筑遗产保护列入。

3. 创新发展动力不足，文化特色不够突出

常州城市建筑遗产的旅游开发模式单一，很多旅游产品都是以观光旅游

为主，开放了一些建筑作为观光旅游线路。但是随着游客对旅游产品的高品质追求，简单的观赏式旅游方式无法满足游客的需求，他们要求能够充分享受到体验式的旅游方式。没有运用"文化＋旅游＋科技"的文化体验手段，缺少必要的高科技手段，因此导致常州建筑遗产旅游开发模式单一，缺少吸引力。

在开发城市建筑遗产旅游时没有考虑到创新性，只注重旅游景点的实体开发，忽略了景点的文化内涵，开发的旅游项目和其他地方大同小异，没有体现自己的文化特色，没有在开发文化旅游产品上下功夫，因此游客无法通过旅游产品感受到不同地区的文化差异，无法深刻体会到当地独特的风土人情和民俗文化，无法满足对旅游项目新鲜感的追求。开发城市建筑遗产旅游产品，同质化产品很多，需要拿出与众不同的旅游产品才能在市场竞争中取胜。

4. 文化内涵挖掘不深，文旅融合深度不够

常州是吴文化的发源地之一，建筑文化旅游开发中对于吴文化的内涵挖掘不深，没有将吴文化真正融入到旅游开发中。开发的一些旅游产品缺乏深度和广度，没有将常州地域文化融合进去。

尽管在建筑遗产旅游开发方面开展了很多工作，但是在实践过程中还存在着一些问题。有的建筑遗产在进行旅游开发时不懂得地域文化的传承规律，忽视建筑遗产地域文化的内涵挖掘，只是结合建筑遗产开展一系列地域文化展示活动，没有真正体现建筑遗产的文化底蕴，没有将地域文化的潜在价值转化为旅游产品。常州城市建筑遗产经历了长久的历史积淀，显现出厚重的文化内涵，形成了独特的建筑文化，只有将当地的地域文化与建筑文化旅游活动有机融合，发挥建筑遗产特色价值，才能让游客才真正意义上了解城市建筑文化价值内涵。

三、常州城市建筑遗产保护与发展的原则与模式

（一）常州城市建筑遗产保护与发展原则

1. 原真性原则

原真性原则要求对常州建筑遗产进行原汁原味的保护，要保持常州建筑遗产的本来的原貌和环境空间，让建筑遗产成为真实传递历史文化的载体。对于历史建筑的原貌，在修缮过程中要尊重原始文献资料和图纸，不能出现主观臆断。进行修缮时要采用"修旧如旧"的手法，从修缮保护设计、选材

用料、建造技艺和工艺流程等方面开展，最大限度的保留其原始状态，确保建筑遗产可以真实反映出风格和文化。

非物质形态的文化遗产在于保持原有的文化不失真，还原文化本来的真实面目，当地的文化生态环境孕育出丰富多彩的文化遗产，保持其原真性，可以保证其文化的完整性和延续性。

2. 文化性原则

常州建筑遗产代表着地方文化，体现着当地历史文化，是地域文化的集中表现，也是中华传统文化的重要组成部分。不同地区的文化遗产反映着本地区的文化特色，常州城市建筑遗产是吴文化的集中表现，具有吴文化的典型特征。

常州劳动人民传承了吴文化的精神内涵，创造出大量的建筑遗产，这些建筑遗产在一定程度丰富了常州的城市文化内涵。这些都是具有浓郁的常州地方特色文化，是人们在长期生活中形成的民俗活动，经过长时间的文化积淀，最终形成了独具常州地方特色的建筑文化。

3. 传承性原则

传承性原则指的是对常州建筑遗产的继承和发扬，常州建筑遗产是劳动人们在长期历史发展中形成的宝贵遗产，是劳动人们智慧的结晶，是中华传统文化的重要组成部分，需要我们去保护和传承，使之发扬光大。

常州城市建筑遗产的保护与发展，需要我们深入挖掘建筑文化内涵，寻求文化传承保护的路径。传承的方式要不断创新，不仅要注重静态的保护与传承，还要注重动态和活态的传承利用。发挥学校在城市建筑遗产中的传承作用，与学生的思想教育相融合，开展形式多样的传承活动，让学生在受教育的同时传承运河文化，从而推动常州城市建筑遗产的保护与传承。

4. 可持续发展原则

常州城市建筑遗产承载着一定的历史文化，也是居民赖以生存的安身之处，要想保持长远的发展，必须要坚持可持续发展的保护原则。常州城市建筑遗产的保护与当地所处的生态环境密切相关，对城市建筑遗产的保护要从单纯的个体保护向生态环境保护延伸，把建筑遗产周边的生态环境划入重点保护范围。

我们不仅要保护常州城市建筑遗产的物质形态，还要保护城市建筑遗产的原生态文化。以可持续发展的原则作为指导，不搞过度开发，遵循自然规律，注意统筹短期利益和长远利益以及经济发展与生态保护之间的关系，避免破坏城市建筑遗产及其周边生态环境，实现常州城市建筑遗产保护可持续发展。

5. 彰显特色原则

目前各个城市都在利用城市建筑遗产开发旅游资源，如何这激烈的竞争中，形成自己的地域特色性是建筑文化旅游品牌成功的关键。常州地域文化来自于吴文化，具有吴文化的内涵和特征。在历史发展长河中，吴文化与其他外来文化相互融合发展，博采众长，形成独特的常州地域文化。

开发利用常州城市建筑遗产时需要观念和技术手段的创新，在保护常州城市建筑遗产真实性和完整性的前提下，要与现代社会发展相结合。在传统保护与发展模式中融入现代化的技术手段，让常州城市建筑遗产"活"起来，实现常州城市建筑遗产的创造性转化和创新性发展。

（二）保护与发展的成功模式

1. 法国

法国建筑遗产众多，法国对建筑遗产的保护与发展工作非常重视，先后出台了一系列法律，加强对建筑遗产的保护。卢浮宫是法国著名的建筑遗产之一，距今已经有八百多年历史，建筑风格独特，是典型的宫殿建筑，具有珍贵的文物价值。法国对于卢浮宫的保护是动态的保护，在原有的建筑群基础上进行了适度的改造，将其改造成为巴黎艺术博物馆，并在博物馆入口处建了玻璃金字塔。

玻璃金字塔立足于建筑本身的功能，并能反应文化的变迁，引导世界审美的发展，将建筑、景观、艺术、科技、传统与现代完整地合成为一体，创造性地解决了把古老宫殿改造成现代化美术馆的一系列难题，取得极大成功，享誉世界。这座玻璃金字塔不仅促进了现代主义建筑的发展，也带动了卢浮宫的复兴，成为巴黎的地标性建筑。[1]

2. 意大利

意大利拥有丰富的城市建筑遗产，如古罗马斗兽场、比萨斜塔、威尼斯总督府、罗马圣彼得大教堂等，意大利非常重视城市建筑遗产的保护与发展，在文物建筑保护领域取得了成功的经验，成为世界建筑遗产保护的典范。

意大利奇迹广场位于比萨城中心，广场由比萨斜塔、大教堂、洗礼堂和墓园四部分组成。[2]它以围墙为界限，保留了原有的道路，定期修缮建筑遗产。对其周边环境保护实行了严格的保护措施，保留原有的建筑格局，周边建筑与建筑遗产在材质、色彩、建造风格等方面保存一致，让建筑遗产与其和谐

① 卢浮宫的玻璃金字塔 .https://www.sohu.com/a/360753393_100154588.

② 沈歆昕 . 意大利比萨"奇迹广场"和屹立不倒的斜塔 [J]. 城市地理 ,2019(09).

统一，融合发展。这种保护模式是兼顾了建筑遗产的整体性和周边环境的统一性，通过建筑遗产的保护带动周边建筑的发展，延续了城市建筑的实用性，从而实现了城市更新和建筑遗产保护的和谐共存。

3. 日本

日本奈良是以唐朝风格建筑著称，有唐招提寺、药师寺等建筑，两边都是传统的木制住宅，但是在这条道路的两边没有任何商店。日本非常重视城市建筑遗产的保护与发展，对一些建筑遗产采取了保护性利用，不仅仅是维持现状，而是针对一些历史街区的建筑进行改造，将其变成办公楼、住宅等，甚至变成美术馆或者资料馆，维持了原有的使用方式。北海道函馆市港岸周边的砖结构仓库群被改造成为啤酒厅饭店，淡路岛的洲本市明治时期的纺织工厂的砖结构厂房，80年代后期被改造为饭店、美术馆和娱乐休闲广场。①

东京车站建筑采用大规模的铁骨红砖结构建造，由于战争的原因遭到破坏，日本政府对其进行了修缮利用，恢复了原有的风貌。对车站进行了活化利用，发挥其价值功能，采用了现代化的设计手段，充分展现了建筑的活力。

（三）常州城市建筑遗产保护与发展模式

根据常州城市建筑遗产的现状，以及建筑遗产的特点，构建常州城市建筑遗产保护与传承利用的新模式，大体可以采用城市主题博物馆、城市建筑遗产游径、城市建筑文化旅游区、城市商贸文化特色旅游区、城市名人文化旅游区、城市特色文化产业集聚区等模式。

1. 城市主题博物馆

城市主题博物馆是近年来广为应用的一种建筑遗产保护与发展的方式，可以利用常州城市建筑遗产开办主题博物馆。常州城市建筑遗产中有一部分是民宅，文保级别不高，可以通过这种方式进行保护利用，提高建筑的利用价值，借助开放来让建筑焕发生机。

主题博物馆要突出其鲜明的主题，比如可以设计一些名人文化主题馆和民俗文化主题馆，让这些主题符合建筑的风格，突出展示馆的独特性，利用不同主题馆之间的联系，构建不同主题和不同形式的参观路线，用不同的点连接每个主题馆，用线将其串联起来，以线勾勒成面，形成完整系统的主题博物馆。

运用现代媒体技术手段将文献资料以文字、图片、音视频等形式展现。

---

① 佐藤礼华，过伟敏. 日本城市建筑遗产的保护与发展 [J]. 日本问题研究 2015(05)：47-55.

借助科技手段，建设网上主题博物馆，改变传统静态展览模式，注入互动性和参与性，满足游客多样化的需求。

2. 城市建筑遗产游径

代表性的有美国波士顿的自由之路，是一条从波士顿公园到查尔斯顿之间的一条由红砖铺成的，曲折延伸 3 公里多的街道。[①] 沿途分布了众多文化遗产，有教堂、民居、战争遗址等，反映着波士顿的发展历史。自由之路旅游线路是将沿途 16 处遗址遗迹如州议会大厦、邦克山纪念碑等串联起来，用红砖进行标记，展现了美国独立革命的全过程。

常州城市拥有天宁寺—舣舟亭历史文化街区、前后北岸历史文化街区、青果巷历史文化街区、运河五号创意街区等，这些街区分布着较多的建筑遗产，但是这些建筑遗产相对比较分散，分布在不同的区域，游客往往到一个景点游玩之后就很难知道其他的景点。

可以将这些地方建筑遗产串联起来，打造建筑遗产游径。统一设计文化游径标识，设立一些画廊，张贴建筑文化游径的指示图和文化遗产点的详细介绍。还可以在地面上设置一些显著标志，如在路中间涂上标识，依靠高科技手段，开发城市建筑遗产游径三维立体导向图。依托常州城市建筑遗产游径主题打造大型的特色活动，宣传常州特色文化，形成常州城市建筑遗产的深度开发。

3. 城市建筑文化旅游区

天宁寺—舣舟亭历史文化街区拥有众多古建筑，内有天宁寺、太平兴国石经幢、舣舟亭、文笔塔、红梅阁、广济桥、飞虹桥等文保单位。该地区南临京杭大运河的东外直街，是常州商业繁华之地，鳞次栉比的寺庙殿宇建筑是这一地区的特色，枕河民居也曾极具江南城市水乡景观。可以依托大运河和红梅公园等自然景观资源，打造建筑文化旅游区。建设民俗文化博物馆，展示常州城市文化相关的非物质文化遗产，建设民俗文化街和民俗主题公园，将与常州城市相关的非物质文化遗产集中展示，让游客体验到常州城市文化的独特魅力。

策划建筑文化旅游节，在策划建筑文化旅游节时要突出地方文化特色的个性，要以地域文化为主题，把握地域文化的精神内涵，将古代奇闻轶事与当地的建筑遗产融合在一起，举行一系列建筑文化主题的活动，吸引更多的游客参与节庆活动。

---

① 李萍萍.基于太原历史名城保护下的文化绿道规划研究 [J].山西建筑,2016(17):15-16.

4. 城市商贸文化特色旅游区

商贸文化街区是以商贸文化为主题，利用商贸遗存，打造具有地方特色的商贸文化特色街区。目前常州城区已经形成了南大街、文化宫、莱蒙都会商业街区，这些商业街区都是现代的商城，没有形成真正的体现文化特色的商贸街区。

常州青果巷集聚众多古建筑，周边有京杭大运河和西瀛里明城墙等文物古迹，商贸资源丰富，可以依托青果巷历史文化街区，将周边的商贸文化资源和旅游资源有机结合，借助当地的自然资源和人文资源，打造集旅游商贸、民俗文化、餐饮住宿、休闲购物等于一体的综合性文化商贸旅游区。修缮传统建筑等传统商业和饮食文化的物质承载环境，恢复具有地域特色的传统行业和老字号，突出常州城市发达的商贸文化内涵，重现常州城市商贸的繁荣景象。建设常州传统商贸文化展示中心，传承和展示常州传统手工技艺、传统商贸民俗文化等商贸文化资源。

5. 城市名人文化旅游区

福州三坊七巷位于福州城市中心，是中国唯一一座位于市中心且基本保留唐以来的"鱼骨状"坊巷格局的古建筑群。[1] 从三坊七巷走出的历史名人多达四百余人，留下了众多名人故居和特色民居。利用这些名人故居，开发出"社区博物馆"保护利用模式，采用 1 个中心馆，若干个特色馆。同时利用特色民居开发各种专题馆和主题馆，利用知名名人故居改造成为纪念馆，引进当代名人开设名人工作室，让传统文化得以传承与发展。

常州前后北岸历史文化街区分布着众多名人故居，有苏东坡纪念馆、汤润之故居、藤花旧馆、管干贞故居、赵翼故居等。在开发时要打造名人文化旅游区，集聚各种名人故居，利用名人故居的不同文物等级，采取不同的利用措施。结合前后北岸名人的物质文化和精神文化内涵，采用社区博物馆模式，开发各种特色专题馆和主题馆，通过各馆之间的线路连接，以点带面，突出常州城市建筑遗产的独特魅力。

6. 城市特色文化产业集聚区

城市特色产业集聚区一般是拥有独具特色的街区建筑，与特色产业发展相契合的街区文化性格以及充足的产业发展空间。街区建筑经过适当改造，便可以为文化创意、艺术、娱乐等时尚产业提供适宜生长的环境。[2]

常州在工业建筑遗产保护方面取得了巨大的成功，依托恒源畅厂办公楼、

① 郑心恬 . 福州三坊七巷名人文化旅游资源开发的研究 [D]. 福建师范大学，2017.
② 李霞 . 谁的街区旅游照亮 [M]. 北京：化学工业出版社，2017.

老厂房进行了开发利用，形成了运河五号创意街区，成为工业建筑遗产保护利用的成功典范。常州是工业城市，拥有大量的工业建筑遗产，除此之外还有大成三厂旧址、大成二厂竞园、老厂房，大成一厂厂房、求实园、刘国钧楼，大明厂民国建筑群，这些厂房都是民国早期纺织业建筑遗存，是常州地区民族工业的特色建筑群。这些建筑保存较为完好，可以以旅游功能介入为契机，确定其发展定位，提出重点发展特色产业类型，形成城市特色产业聚集区。引入知名文化产业品牌，运用独特的艺术景观和街区建筑形成具有文化气息的街区，借助产业文化品牌，推进特色产业的旅游化开发利用，形成特色产业与旅游互动的局面。

四、常州城市建筑遗产保护与发展的对策

1. 大力拓宽传播渠道，构建常州城市建筑遗产多元传播体系

拓展常州建筑遗产保护传播渠道，实现传统纸媒、新媒体、影视传媒等多种媒介的有机融合，建构城市建筑文化多元化、全媒体的传播体系，向社会最大限度的传播建筑文化。

充分利用报纸、广播、电视等传统媒体的传播作用，在《常州日报》、《常州晚报》开辟常州城市建筑遗产专栏，定期刊出一些城市建筑遗产的介绍等，在常州广播电台和常州电视台创办建筑遗产的相关节目，邀请一些专家来宣传建筑遗产，还可以通过举办建筑文化讲座的方式，让更多民众了解建筑遗产价值的重要性。

发挥互联网传播优势，建立"常州城市建筑遗产"微信公众平台和微博，或在市政府相关部门网站专门开辟常州城市建筑遗产宣传版块，将常州城市建筑遗产相关的文字、图片、影音等资料通过网络平台不固定的发布，宣传常州城市建筑遗产发展史，提高对常州城市建筑遗产价值的认知度。

采取新媒体传播方式宣传常州城市建筑遗产，选取常州历史名人传说故事如苏东坡与舣舟亭的传说创作微电影、网络剧，通过一些网络视频网站如爱奇艺、优酷等进行发行，这些网站具有点击和浏览量众多的优势，可以将常州城市建筑文化广泛的传播到世界各地。

动漫是比较热门的深受广大青少年欢迎的传播方式，可以选取常州非物质文化遗产如常州梳篦、常州吟诵等，制作成动漫，通过网络进行传播。实景舞台剧是目前比较流行的传播文化方式，如在运河五号创意街区演出关于常州籍中国近代民族工商业者在常州创办民族工业，为国家富强和民族独立而奋斗的光辉事迹。

2. 深入挖掘文化内涵，加快提升常州城市建筑遗产文化品位

深入挖掘常州城市建筑文化内涵，打造具有独特魅力的建筑文化旅游品牌。特色是建筑遗产保护与发展的灵魂，特色的建筑文化旅游具有较强的竞争力。

常州城市建筑遗产的旅游开发需要体现本地文化生态的独特魅力，注重体现本地区的旅游个性，要结合常州地域文化找出建筑文化的特色，打造独具常州特色的城市建筑文化旅游品牌。利用城市建筑的特色文化，注重中华传统文化的传承，将常州特色文化融入到建筑文化旅游资源的开发中，形成特色鲜明的建筑文化旅游产品。

常州是吴文化的发源地之一，明清时期常州文化流派兴盛，青果巷聚集了一大批文化名人，可以围绕吴文化和明清常州文化，将这些文化与城市建筑遗产保护与发展结合起来，开发独具常州特色的建筑文化旅游产品，在传承大运河文化的同时彰显吴文化和常州文化的特色和魅力。

深入挖掘建筑文化内涵，开发个性化、系列化、多样化的建筑文化旅游产品。建筑文化旅游产品开发中要注重提升文化品位，不搞庸俗的文化活动，以生态环境和文化区域为场所，开展生态环境保护和建筑文化体验相结合的建筑文化活动，深层次开发常州城市建筑文化旅游产品。

3. 充分整合文旅资源，展现常州城市建筑遗产独特文化魅力

运用不同的建筑遗产开发多样化的文化旅游产品，以满足不同人群的需求。根据文化遗产的不同特性，开发成森林公园、地质公园、湿地公园等，各种旅游资源赋予其文化内涵，设计不同风格的旅游模式，如观光旅游、文化体验、养生保健、科学研究等。

将城市建筑遗产与周边的其他旅游资源串联在一起整合开发，设计商业街区和名人故居、历史遗存、红色文化、田园风光等资源互补的建筑文化旅游产品，实现各种资源经济价值最大化。

开发体验式建筑文化旅游产品，运用现代视觉技术手段展示常州城市建筑遗产，通过视觉、听觉技术全方位展现常州城市建筑遗产所处的真实场景，让游客身临其境地感受到城市建筑文化的独特魅力。

常州城市建筑文化旅游品牌的塑造至关重要，将生态形象与文化形象紧密结合，可以让更多的民众了解常州城市建筑遗产。加大城市建筑文化旅游的宣传力度，对其进行明确和鲜明的形象定位，运用市场营销学的理念进行宣传推广，利用现代传媒技术手段将建筑文化旅游产品拍成宣传片，通过网络和视频网站进行宣传。

4. 加大产品开发力度，打造独具特色的常州城市建筑遗产品牌

加大常州城市建筑遗产创新性开发力度，运用创新思维，突出地方特色，围绕常州城市建筑文化主题进行创新性开发，使其形成独特的常州城市建筑文化旅游产品，形成别具一格的常州城市建筑文化品牌。

常州城市建筑文化产业化开发不仅可以实现较好的经济收益，还可以更好的保护和传承建筑遗产。将建筑遗产与文化产业相结合，按照市场化的运作模式，进行规模化生产，从而获取资源开发的经济收益最大化。

建筑遗产的产业化开发要求不断深入挖掘建筑文化内涵，加大建筑遗产创新性开发力度，以文化创意为核心，将建筑遗产进行生产、包装、设计和销售，实现建筑遗产的经济价值。发展城市建筑文化创意产业，提高建筑文创产品的附加值，将常州地方饮食文化融入到文创中，对其进行包装设计，将建筑文化元素植入，开发具有常州地方特色的系列旅游食品。

将文化创意与建筑遗产开发相融合，根据建筑遗产的传说故事和奇闻轶事创作实景舞台剧，把建筑遗产实景作为舞台艺术表演的文化博物馆，利用AR、VR高科技视觉传媒手段，让游客体验到建筑文化的独特魅力。

利用建筑遗产开发一些文化创意项目，将一些建筑改造成为集文化交流、影视传媒、艺术创作等于一体的文化创意区。将当地的非遗资源与建筑遗产有机结合，把非遗的设计作为文化创意的素材，建筑遗产的历史典故和传说故事作为文化创意开发的基础，开发一系列建筑文化创意旅游产品，形成一条多元化的建筑文化创意产业链。

5. 完善遗产保护机制，推动常州城市建筑遗产协同创新发展

城市建筑遗产保护与开发要实现双赢，达到以旅游开发促进城市建筑遗产保护的最终目的，需要有关部门建立一整套由政策法规、保护机制、保护资金、人才队伍等组成的系统、完整的建筑遗产保障体系。

处理好城市建筑遗产保护与旅游开发各个环节的关系，促进建筑文化旅游协调发展。城市建筑遗产在开发中，需要重视建筑遗产的保护，防止破坏建筑遗产的自然与生态平衡，因此需要运用法律手段进行规范。

政策法规方面，要充分利用好《文物保护法》、《旅游法》等国家法律法规，以及省市制定出台的一系列文化遗产保护的相关规章制度，做好建筑遗产保护的法律依据。建议尽快制定《常州市城市建筑遗产保护办法》，划定常州城市建筑遗产具体保护范围，明确各部门保护职责，对城市建筑遗产进行分类分级，明确保护重点和要求。严格执行文化遗产保护的法律法规，对于故意破坏建筑遗产的行为予以严厉的惩处。

保护机制方面，科学规划，合理统筹，各部门加强对建筑遗产保护的重视力度，建立相应的城市建筑遗产保护领导小组，统一协调城市建筑遗产的保护与发展工作。健全和完善城市建筑遗产保护机制，建立综合协调机制，统筹协调处理城市建筑遗产保护与开发的问题，制定具体实施计划，督促落实重点任务，实现城市建筑遗产的工作有序推进。

建立常州城市建筑遗产登录制度，将一些尚未成为各级文保单位的建筑遗存进行登录，建立常州城市建筑遗产记录档案，安排专门的机构负责管理，对不同价值和不同等级的文化景观进行评估，采取分级保护管理。运用现代技术手段，构建常州城市建筑遗产数字化保护平台，建立常州城市建筑遗产数据库，实现常州城市建筑遗产的网络化管理。

资金扶持方面，要充分利用好国家给予文化遗产保护与文化旅游方面的资金支持，政府需要加大投入力度，建立城市建筑遗产旅游开发的产业基金，拓宽融资渠道，鼓励单位或个人加入到建筑遗产保护中，探索建立旅游开发融资平台，建立多样化的资金投入机制。

人才队伍方面，推动政府、高校、企业、科研机构等之间的深度合作，筹建文旅融合发展的培养基地，建筑遗产保护与文化旅游研究中心，促进城市建筑遗产的旅游开发，推动产学研一体化发展。

参考文献

一、著作

1. 中华人民共和国住房和城乡建设部：中国传统建筑解析与传承 江苏卷 [M]. 北京：中国建筑工业出版社，2016.

2. 许浩：江苏园林图像史 [M]. 南京：南京大学出版社，2016.

3. 梁思成：中国建筑史 [M]. 北京：三联书店，2011.

4. 刘屹立、徐振欧：南京民国建筑地图 [M]. 南京：江苏科学技术出版社，2018.

5. 江苏省地方志编纂委员会：江苏文化遗产志 [M]. 南京：凤凰出版社，2020.

6. 吴良镛：城市研究——迎接新世纪的来临 [M]. 北京：中国建筑工业出版社,1996.

7. 俞绳方. 苏州古城保护及其历史文化价值 [M]. 西安：陕西人民教育出版社，2007.

8. 徐民苏. 苏州民居 [M]. 北京：中国建筑工业出版社，1991.

9. 崔晋余. 苏州香山帮建筑 [M]. 北京：中国建筑工业出版社，2004.

10. 徐耀新. 精彩江苏·历史文化名城名镇名村系列 [M]. 南京：江苏人民出版社，2017.

11. 中共江苏省委党史工作办公室. 江苏省革命遗址通览 [M]. 北京：中共党史出版社,2014.

12. 阮仪三. 城市遗产保护论 [M]. 上海：上海科学技术出版社，2007.

13. 段进，季松，王海宁. 城镇空间解析——太湖流域古镇空间结构与形态 [M]. 北京：中国建筑工业出版社，2002.

14. 王浩. 美丽乡村建设背景下苏南传统村落文化资源保护与开发研究 [M]. 南京：河海大学出版社，2019.

15. 张松. 历史城市保护学导论（第二版）[M]. 上海：同济大学出版社，2008.

16. 方明，薛玉峰，熊艳. 历史文化村镇继承与发展指南 [M]. 北京：中国社会出版社，2006.

17. 梁思成. 中国古代建筑史绪论 [M]. 北京：中国建筑工业出版社，1986.

18. 姜晓萍. 中国传统建筑艺术 [M]. 重庆：西南师范大学出版社，1998.

19. 陈志华. 文物建筑保护文集 [M]. 南昌：江西教育出版社,2008.

20. 单霁翔. 从"功能城市"走向"文化城市"[M]. 天津：天津大学出版社,2007.

21. 许少飞. 扬州园林史话 [M]. 扬州：江苏广陵书社,2014.

22. 吴恩培. 吴文化概论 [M]. 南京：东南大学出版社，2006.

23. 徐国保. 吴文化的根基与文脉 [M]. 南京：东南大学出版社，2008.

24. 彭镇华. 扬州园林古迹综录 [M]. 扬州：江苏广陵书社，2016.

25. 陈从周. 苏州园林 [M]. 上海：同济大学出版社，2018.

26. 陶伟. 中国世界遗产的可持续旅游发展研究 [M]. 北京：中国旅游出版社，2001.

27. 阮仪三、王景慧、王林. 历史文化名城保护理论与规划 [M]. 上海：同济大学出版社，1999.

28. 李其荣. 城市规划与历史文化保护 [M]. 南京：东南大学出版社，2003.

29. 罗佳明. 中国世界遗产管理体系研究 [M]. 上海：复旦大学出版社，2004.

30. 徐延平、徐龙梅. 南京工业遗产 [M]. 南京：南京出版社，2012.

31. 单霁翔. 文化遗产保护与城市文化建设 [M]. 北京：中国建筑工业出版社,2009

32. 王建国. 后工业时代产业建筑遗产保护更新 [M]. 上海：中国建筑工业出版社，2008.

33. 过伟敏. 建筑艺术遗产保护与利用 [M]. 南昌：江西美术出版社,2006.

34. 常青 . 建筑遗产的生存策略——保护性利用设计实验 [M]. 上海：同济大学出版社，2003.

35. 潘谷西 . 中国建筑史（第七版）[M]. 北京：中国建筑工业出版社，2015.

36. 赖德霖 . 中国近代建筑史研究 [M]. 北京：清华大学出版社，2007.

37. 董鉴泓 . 中国城市建设史 [M]. 北京：中国建筑工业出版社，2004.

38. 刘先觉、王昕 . 江苏近代建筑 [M]. 南京：江苏科学技术出版社，2008.

39. 卢海鸣，杨新华 . 南京民国建筑 [M]. 南京：南京大学出版社，2001.

40. 陈华 . 百年南大老建筑 [M]. 南京：南京大学出版社，2002.

41. 杨慎初 . 中国书院文化与建筑 [M]. 武汉：湖北教育出版社 .1996.

42. 陈同滨 , 中国古代建筑大图典 [M] 北京：今日中国出版社 .1996

43. 刘敦桢 . 中国古代建筑史 [M]. 北京：中国建筑工业出版社，2010.

44. 高晓勇 . 图解中国古代建筑史 [M]. 桂林：广西师范大学出版社，2021.

45. 朱文杰 . 东林书院与东林党 [M] 北京：中央编译出版社 ,1996.

46. 楼庆西 . 乡土建筑装饰艺术 [M]. 北京 : 中国建筑工业出版社 ,2006.

47. 夏刚草 . 无锡名人故居考录 [M]. 哈尔滨：黑龙江人民出版社，2005.

48. 周卫 . 历史建筑保护与再利用 [M]. 北京：中国建筑工业出版社，2009.

49. 罗佳明 . 中国世界遗产管理体系研究 [M]. 上海 : 复旦大学出版社 ,2004.

50. 周维权 . 中国古典园林史 [M]. 北京 . 清华大学出版社，1999.

51. 中国国家文物局，国际古迹遗址理事会中国国家委员会 . 中国文物古迹保护准则 [M]. 北京：文物出版社，2015.

二、论文

1. 王慧芬 . 论江苏工业遗产保护与利用 [J]. 东南文化，2006（4）.

2. 朱明松 . 扬州唐子城城墙遗址的保护现状与思考 [J]. 东南文化 ,2005(2).

3. 冯立昇 . 关于工业遗产研究与保护的若干问题 [J]. 哈尔滨工业大学学报（社会科学版）,2002（2）.

4. 刘伯英 . 工业建筑遗产保护发展综述 [J]. 建筑学报，2012(1).

5. 冷婕、陈科 . 城市复兴背景下的工业遗产保护与再利用 [J]. 建筑学报，

2012（2）.

　　6. 杨香春 . 南京市工业遗产保护与再利用研究 [D]. 南京农业大学，2015.

　　7. 张念越 . 中国古代教育建筑初探 [D]: 清华大学，1990.

　　8. 陈蔚 . 我国建筑遗产保护理论与方法研究 [D]. 重庆大学，2006.

　　9. 陈亮 . 南京近代工业建筑研究 [D]. 东南大学，2017.

　　10. 龙彬 . 中国古代书院建筑初探，重庆建筑大学学报 [J].2000.（09）

　　11. 杨慎初 . 书院建筑与传统文化思想 [J]. 华中建筑 .1999.（02）

　　12.阮仪三 . 文化遗产保护的原真性原则 [J]. 同济大学学报（社会科学版），2003（2）.

　　13. 吴良镛 . 文化遗产保护与文化环境创造 [J]. 城市规划，2007（8）.

　　14. 朱光亚 . 江苏村落建筑遗产的特色和价值 [J]. 江苏建设，2016（1）.

　　15. 钱岑 . 苏南传统聚落建筑构造及其特征研究 [D]. 江南大学 ,2014.

　　16 姜成勇 . 无锡市民族工商业遗产旅游开发研究 [D]. 江南大学，2008.

　　17. 王浩 . 美丽乡村建设背景下红色文化遗产旅游价值开发利用研究——以常州为例 [J]. 领导之友 , 2017 (1).

　　18. 向刚 . 乡村产业建筑遗存的再利用策略研究 [D]. 中国建筑设计研究院 ,2019.

　　19. 乔艾艺：江苏书院建筑研究 [D]. 南京工业大学，2013.

　　20. 唐溪 . 无锡惠山祠堂群建筑装饰艺术研究 [D]. 昆明理工大学 ,2012.

　　21. 付靓 . 无锡市近现代名人故居保护与利用研究 [D]. 江南大学，2014.

　　22. 程志芬，张宝秀 . 名人故居保护与利用的比较研究 [J]. 北京联合大学学报 (人文社会科学版)，2006(4).

　　23. 文丹 . 英国名人故居保护的蓝牌制 [J]. 中国文化遗产，2006(2).

　　24. 李传义 . 近代城市文化遗产保护的理论与实践问题 [J]. 华中建筑 ,2005(21).

　　25. 查翔 . 建筑遗产的保护和利用 - 以欧洲名人纪念建筑为例 [J]. 华中建筑，2009(3).

　　26. 张彦 . 苏州、扬州古典私家园林对比研究 [D]. 北京林业大学，2010.

　　27. 吴涛 . 基于地域文化的扬州历史园林保护与传承 [D]. 南京林业大学 ,2012.

　　28. 王浩 . "常州三杰" 红色名人资源保护与开发探析 [J]. 决策咨询，2018（2）.

　　29. 雍振华 . 古典园林保护研究 [D]. 苏州城建环保学院学报 ,2002(3).

30. 吕春华. 从"江苏大遗址"到考古遗址公园——江苏大遗址保护工作探索与实践 [J]. 艺术百家 ,2011(S1).

31. 崔明. 江苏省大遗址保护规划与利用模式研究 [D]. 东南大学 ,2006.

32. 于珍、孟国祥. 江苏革命遗址的保护和利用 [J]. 档案与建设 ,2012(02).

33. 周晓菡. 建构视角下的无锡宗祠建筑构造特征研究 [D]. 江南大学 ,2017.

34. 宋春苑. 无锡历史街区传统建筑空间形态研究 [D]. 江南大学 ,2015.

35. 周永博 , 等 . 文化遗产旅游地意象空间扩散研究——以苏州园林为例 [J]. 地理科学 ,2012(11).

36. 赵丽. 苏州园林建筑木构装饰艺术研究 ——以拙政园为例 [D]. 苏州大学 ,2018.

37. 刘依林. 中国古典园林中的"空白美" ——以苏州园林为例 [D]. 四川师范大学 ,2019.

38. 殷锐. 苏州古典园林空间构成研究 [D]. 苏州科技大学 ,2019.

39. 姜澜. 江南私家园林大体量建筑室内空间非均质划分现象初探 [D]. 南京大学 ,2018.

40. 徐秀飞. 淮安区名人故居的地域性表达研究 [D]. 南京工业大学 ,2015.

41. 夏婷婷 , 等 . 数字人文视角下的苏州名人故居保护与利用研究 [J]. 自然与文化遗产研究 ,2019(12).

42. 赵建中. 南京历史名人故居和遗址的保护与开发 [J]. 江苏地方志 ,2017(02).

43. 张犁. 工业建筑遗产保护与文化再生研究 [D]. 西安美术学院 ,2017.

44. 王飞. 乡土建筑遗产保护实践的梳理研究 [D]. 昆明理工大学 ,2013.

45. 高正扬. 建筑遗产保护中原真性原则概念辨析与实践 ——以近代"中国式"建筑遗产保护为例 [D]. 山东建筑大学 ,2016.

46. 刘亚美. 乡土建筑保护理论的梳理和研究 [D]. 昆明理工大学 ,2013.

47. 贾艳艳. 历史建筑遗产保护的整体性研究 [D]. 郑州大学 ,2015.

48. 吴美萍. 欧洲视野下建筑遗产预防性保护的理论发展和实践概述 [J]. 中国文化遗产 ,2020(02).

49. 于云龙. 遗产与传播——传播学理念下的建筑遗产保护 [D]. 重庆大学 ,2015.

50. 龚元. 英国历史建筑保护法律制度及其对我国的启示 [D]. 南京大学 ,2014.

51. 蒋楠. 近现代建筑遗产适应性再利用后评价——以南京 3 个典型建筑

遗产再利用项目为例 [J]. 建筑学报 ,2017(08).

52. 张睿丰 . 建筑文化遗产的数字化保护 [J]. 城市住宅 ,2021(2).

53. 刘美 . 非政府组织（NGO）参与下的建筑文化遗产保护模式研究 [D]. 重庆大学 ,2017.

54. 李文浩 . 基于整体性的建筑文化遗产保护规划研究 [D]. 兰州交通大学 ,2017.

55. 秦红岭 . 论建筑文化遗产的价值要素 [J]. 中国名城 ,2013(07).

56. 朱怡 . 乡土环境中的建筑文化遗产保存策略研究 [D]. 上海交通大学 ,2007.

57. 季景红 . 论城市拆迁中建筑文化遗产的保护 [D]. 苏州大学 ,2011.

58. 程慧福 . 论延安时期红色建筑文化遗产的艺术性保护 [J]. 中国民族博览 ,2020(16).

59. 许昌和 . 城市规划中的文化遗产及历史建筑保护研究 [J]. 智能城市 ,2019(16).

60. 林敏霞 , 颜玲云 . 从宗祠到文化礼堂：村落传统建筑遗产功能研究 [J]. 民族论坛 ,2016(12).

61. 齐一聪 , 张兴国 . 中日建筑遗产对比视野下的中国建筑遗产机制研究 [J]. 现代城市研究 ,2013(11).

62. 王波、任文龙 . 江苏省工业遗产保护与再生研究 [J]. 江苏社会科学 ,2021(5).

63. 张永志 . 江苏工业建筑遗产的保护及再利用分析 [J]. 住宅与房地产 ,2020(21).

64. 柳赏 . 南通近代工业城市构建与遗产价值研究 [D]. 北方工业大学 ,2020.

65. 甘信云 , 张希晨 , 胡颖 . 无锡工业遗产活化利用中的若干问题 [J]. 工业建筑 . 2017(08).

66. 黄杰 . 南通唐闸工业文化遗产的保护 [J]. 中国文物科学研究 ,2015(4).

67. 夏健 , 等 . 基于城市特色苏州工业遗产保护框架与再利用模式 [J]. 规划师 . 2015(04).

68. 杨丽霞 . 江苏近现代工业建筑遗产适应性再利用的思考 [J]. 中国文物科学研究 ,2015(3).

69. 李永乐 , 程玲 . 大运河水工建筑遗产空间分布及其旅游开发——以江苏段为例 [J]. 中国名城 ,2012(03).

70. 刘畅 , 朱彦榕 , 李晓 . 大运河镇江段工业建筑遗产现状调查与分析 [J].

中外建筑，2021(5).

71. 于晓磊 . 长三角地区近代工业建筑遗产文化研究 [D]. 南京大学 ,2015.

72. 刘佳 . 镇江近代建筑形态及其演变研究 [D]. 江南大学 ,2012.

73. 王筱倩 . 扬州老城区建筑遗产形态特征的整体性研究——以传统民居为例 [D]. 江南大学 ,2012.

74. 林允琦 . 南通历史建筑再利用调查分析 [D]. 东南大学 ,2018.

75. 孙晓鹏 . 苏州控制保护建筑维修中的原真性研究 [D]. 浙江大学 ,2013.

76. 徐沐阳 . 常州青果巷历史文化街区遗产保护及改造设计研究 [D]. 东南大学 ,2017.

77. 陈蔚 . 我国建筑遗产保护理论和方法研究 [D]. 重庆大学 ,2006.

78. 傅栾 . 创意产业与工业建筑遗产开发研究 [D]. 苏州大学 ,2009.

79. 单霁翔 .20 世纪遗产保护的实践与探索 [J]. 城市规划，2008.

80. 李鹏 . 工业建筑遗产再利用模式评价研究 [D]. 武汉理工大学，2012

81. 张英琦 . 建筑遗产保护中几个重要概念考辨 [D]. 天津大学，2010.

82. 吴凡 . 功能置换——论产业建筑遗产的改造再利用 [D]. 南京艺术学院，2006.

83. 谢有为 . 建筑遗产保护与旅游开发耦合关系研究 [D]. 昆明理工大学 ,2021

84. 林源 . 中国建筑遗产保护基础理论研究 [D]. 西安建筑科技大学 ,2007.

85. 吴尧、Francisco Vizeu Pinheiro. 建筑遗产保护整体性原则的重新解读 [J]. 合肥工业大学学报 (自然科学版),2010(2).

86. 张军 , 王室程 . 建筑遗产价值评估方法 [J]. 哈尔滨工程大学学报 ,2017(10).

87. 林娜 , 张向炜 , 刘军 . 中国 20 世纪建筑遗产的保护价值评价体系建构 [J]. 当代建筑 , 2020(4).

88. 马敬晓 . 邯郸红色建筑遗产数字化建档与虚拟可视化应用研究 [D]. 河北工程大学 ,2021.

89. 吴聪 . 比较视野下的建筑遗产登录保护制度研究 [D]. 北京建筑大学 ,2020.

90. 张心 . 城市遗产保护的人本视角研究 [D]. 山东大学 ,2016.

91. 王景慧 . 城市历史文化遗产保护的政策与规划 [J]. 城市规划，2004(10).

92. 罗涛 . 现代化视野下的城市文化遗产 [J]. 东南文化 ,2011(6).

93. 姚美康 , 吴尧 . 虚拟仿真技术在建筑遗产保护中的研究与实践 [J]. 遗产与保护研究，2018(05).

94. 王浩 . 常州市古典园林遗产保护与创新路径——基于文化创意视角 [J].
乡村科技 ,2019(31).

95. 李瑞华 . 北京 20 世纪建筑遗产保护利用研究——以博览类建筑为例
[D]. 北京建筑大学 ,2020.

96. 李东 . "古道学" 视角下建筑遗产渐进式活化模式研究 [D]. 广州大
学 ,2020.

97. 高永玲 . 改革开放以来我国古建筑保护政策研究 [D]. 中国社会科学院
研究生院 ,2020.

98. 王智慧 . 共生理论视域下工业建筑遗产保护与利用策略研究 [D]. 重庆
大学 ,2019.

99. 侯学妹 . 工业建筑遗产的保护与再利用设计研究 [D]. 青岛理工大
学 ,2019.

后记

POSTSCRIPT

江苏建筑文化遗产保护与发展，是一个非常重要的研究课题，作者在前人研究基础上进行探索，试图对这一问题进行系统、全面的阐释，以供其他地区参考借鉴。

研究过程中，得到了诸多专家学者的帮助，为我提供了大量的资料和研究建议，在调研过程中也得到了当地政府和职能部门的支持和帮助，在此一并表示感谢。

本书在写作过程中参考了大量的国内外相关文献，借鉴了许多前人的研究成果，并尽量在本书中予以标注或在参考文献中列出，如仍有遗漏，敬请原谅并致歉，在此一并表示衷心的感谢。文中图片除特别标明外，均为作者与研究团队拍摄。本书得到了杨富、黄国栋、卢继元、朱小峰、吴薛、闫杰、梁峰等人的帮助，在此向他们表示诚挚的感谢。

由于作者经验与学识有限，本书从写作到出版，时间有限，错漏在所难免，希望读者予以谅解。